讨好型人格

为什么我们总是
迎合别人

米苏·著

TAOHAO XING RENGE
WEISHENME WOMEN ZONGSHI
YINGHE BIEREN

中国纺织出版社有限公司

内 容 提 要

讨好型人格是怎么形成的？为什么要拼命地取悦他人？怎样才能摆脱讨好的行为模式，遵从内心，勇敢、舒适、自在地活着？翻开这本书，它会让你正确且深入地认识讨好型人格，看到讨好行为背后隐藏的心理困境，学会在善良与讨好之间划定界限，活出自爱、自信、安稳、强大的自己。

图书在版编目（CIP）数据

讨好型人格：为什么我们总是迎合别人 / 米苏著. 北京：中国纺织出版社有限公司，2024.9.--ISBN 978-7-5229-1928-7

Ⅰ．B848-49

中国国家版本馆CIP数据核字第2024MC6063号

责任编辑：郝珊珊　　责任校对：高　涵　　责任印制：储志伟

中国纺织出版社有限公司出版发行
地址：北京市朝阳区百子湾东里A407号楼　邮政编码：100124
销售电话：010—67004422　传真：010—87155801
http://www.c-textilep.com
中国纺织出版社天猫旗舰店
官方微博 http://weibo.com/2119887771
天津千鹤文化传播有限公司印刷　各地新华书店经销
2024年9月第1版第1次印刷
开本：880×1230　1/32　印张：6.5
字数：192千字　定价：55.00元

凡购本书，如有缺页、倒页、脱页，由本社图书营销中心调换

序

在过往的人生中,你是否一直都用这样的方式生活——

- 总是微笑着面对所有人,就算遭人戏谑和嘲弄,也不敢翻脸发脾气。
- 永远把别人的需求放在第一位,为了满足他人的期待,宁肯牺牲自己的利益。
- 不敢说出自己的真实想法,不敢向他人提要求,害怕给人添麻烦,惹人讨厌。
- 处处迎合别人,习惯随声附和,向来都只会说"好"和"是"。
- 害怕得罪人,即使内心咆哮着千万个"不愿意",也不敢开口拒绝。
- 给别人帮忙时,比做自己的事情还要小心谨慎,力求让别人满意。
- 不敢发太多朋友圈,怕打扰到别人,更怕不被回应,经常"秒删"。
- 没有边界意识,没有底线和原则,总是在关系中吃亏和受伤。

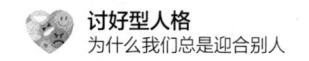

- 对他人的情绪反应特别敏感，总觉得别人不高兴一定和自己有关。
- 每天忙于应付各种人的需要，身心疲惫不堪，却只会默默地承受。
- 见不得他人受苦，总想背负他人的情绪和痛苦，什么都不做会感到内疚。

也许，这只是你所承受的一小部分，还有许多不为人知的委屈和难以言说的辛苦，被你悄无声息地掩埋在心底。你坚守着自己的"信念"，以为秉持真诚善良、懂得隐忍退让、多替他人考虑、不去计较得失，就可以换得同样的真心相待。可是，你不知道，也从来没有人告诉你，少了锋芒的善良、委曲求全的退让、忽略真实的感受、牺牲自己的利益，早已经背离了善良的本意。你所做的一切，在他人眼中不过是卑微的讨好，而你也成了可以随意使唤、任意欺负的对象，因为伤害你和辜负你无须付出任何代价。

如果你经历过或正在经历这样的人生，我想对你说一声："这些年，你辛苦了！"讨好不是你的错，更不是一种罪过，没有谁是天生的讨好者，是无法选择的环境和成长经历造就了这样的你。每一次的迎合与讨好都是一次强迫性重复（无意识地倾向于重复创伤性事件或其环境），你需要看见困住你的错误信念，看见你的迫不得已，从而真正理解自己的不易，放下对讨好型人格的羞愧与自责，摘下"老好人"的面具，做回真实的自己。

  成长不是一件容易的事，所有的蜕变都伴随痛苦，你要扭转错误的认知，要改变熟悉的行为模式，还要在忍不住想要退缩的时候狠狠地"推"自己一把。可是，请你相信，这是世间最值得吃的一份"苦"。

  当你冲破了内心的困境，当你勇敢地选择了改变，你的思想、你的行为、你的人生都会变得不一样，这种"不一样"不是轰轰烈烈的，而是细小微妙的，也许只是在会议上勇敢地说出了自己的想法，也许只是回绝了朋友的周末邀约，也许只是凭借喜好而非价格给自己挑选了一份甜品……它们看起来有些微不足道，可是不要忘了，我们的人生正是用这些细碎的片段串联起来的呀！

  勇敢地直抒己见，毫无愧疚地回绝，尊重真实的感受，代表的不只是一个单纯的选择，更重要的是隐藏在选择背后的信念——"我不畏惧他人的评判""我不必赢得所有人的喜欢""我有权利做自己想做的事""我很重要，我的感受也很重要"。这意味着，你不再以外界为轴心，而是以自我为轴心，重塑了自己的活法。

米苏
2024年6月

目 录

Part 1　你以为是善解人意，其实是在讨好世界　001
　　——讨好型人格的7个迹象

002 — 1　"老板阴沉着脸，是不是我做错了什么？"
　　　讨好的迹象1　习惯察言观色，对他人的情绪变化极度敏感

007 — 2　"把羊毛卷拉直，成为他喜欢的样子！"
　　　讨好的迹象2　渴望获得认可，极力满足他人的期待

011 — 3　"不帮同事做PPT，会不会伤了和气？"
　　　讨好的迹象3　即使内心不情愿，也难以开口拒绝

015 — 4　"提出那样的请求，显得我很矫情吧？"
　　　讨好的迹象4　不敢向别人提要求，害怕给别人添麻烦

018 — 5　"这方案不是很好，但我还是举手同意了！"
　　　讨好的迹象5　不敢表达不同意见，畏惧冲突与争执

022 — 6　"再懒散下去就失业了，得帮帮他！"
　　　讨好的迹象6　缺少边界意识，总想为别人的事情负责

026 — 7　"不想帮忙代购了，可是怎么说呢？"
　　　讨好的迹象7　没有底线和原则，利益受损也不敢维护

Part 2　总是忍不住取悦别人，你到底在想什么　029
　　　　　——讨好背后的心理困境

030 — 1　别人沉默几秒，你怎么就慌了？
　　　心理困境1　"别人不高兴是因为我"

035 — 2　为什么她总是做鬼脸逗人笑？
　　　心理困境2　"我必须做点什么才能被爱"

038 — 3　你那么不情愿，为何不肯拒绝呢？
　　　心理困境3　"我害怕让人失望"

041 — 4　不敢为自己争取，也不敢反抗他人？
　　　心理困境4　"我不配……"

046 — 5　为什么总想为别人的情绪负责？
　　　心理困境5　"我有责任照顾别人的感受"

049 — 6　别人并未求助，你为何要主动帮忙？
　　　心理困境6　"我坐视不理等于伤害他人"

053 — 7　为什么表达需求让你感到羞耻？
　　　心理困境7　"我是不值得被满足的"

Part 3　醒醒吧！"好人"只会越当越委屈　057
　　　　　——认清"讨好不得好"的真相

058 — 1　忍一时风平浪静，退一步海阔天空？
　　　真相1　忍让没有限度，别人就会肆无忌惮

061 — 2　吃了那么多的亏，你的福气来了吗？
　　真相2　盲目吃亏，只会有吃不完的亏

064 — 3　为他付出那么多，他为何要这样待我？
　　真相3　一味地迁就，换不来爱与尊重

068 — 4　把委屈留给自己，就能相安无事吗？
　　真相4　压抑的情绪会变成隐形攻击

072 — 5　能做的都做了，他们还是不喜欢我？
　　真相5　你不可能让所有人都喜欢你

075 — 6　只有一次没做好，就被当成了"恶人"？
　　真相6　好事做多了，别人就习以为常了

079 — 7　为什么"老好人"总是遭伴侣嫌恶？
　　真相7　你总想做好人，别人就得做坏人

Part 4　没有界限的关系是一场灾难
——设立边界是对自我的尊重　083

084 — 1　为什么一定要设立心理边界？
　　重塑认知1　有心理边界，才能保护自己

088 — 2　设立边界会不会破坏人际关系？
　　重塑认知2　消除对边界的误解

091 — 3　你有辛辛苦苦把爸妈拉扯大吗？
　　重塑认知3　夺回自己做孩子的权利

097 — 4　为什么你总是受他人的情绪传染？
　　重塑认知4　分离自己与他人的课题

101 — 5　和朋友谈界限是一种疏远吗？
　　重塑认知5　界限让你知道谁是真朋友

106 — 6　婚恋关系中，要不要看对方的手机？
　　重塑认知6　亲密爱人，亲密有间

112 — 7　如何摆脱过度劳累的工作状态？
　　重塑认知7　别让情分掩盖了本分

116 — 8　怎样应对那些挑衅自己边界的人？
　　重塑认知8　接受不完美的解决方案

Part 5　纠结和自在，只隔着一个字　　121
　　——不带任何愧疚地说"不"

122 — 1　拒绝他人的请求，算不算自私？
　　练习1　打破"拒绝＝自私"的枷锁

126 — 2　碰到尴尬的问题，要勉强回应吗？
　　练习2　真诚是与人为善，不是毫无保留

129 — 3　拒绝熟人的请求时，怎么解释最合适？
　　练习3　说出你真实的想法与感受

133 — 4　什么样的姿态会显得更有拒绝力？
　　练习4　客气本身就是一种拒绝

136 — 5　拒绝他人一定要用嘴巴说出来吗？
　　练习5　为自己建立一套"防御机制"

139 — 6　怎样摆脱自己不愿牵扯的麻烦事？
　　练习6　用沉默表达你的态度

142 — 7 拒绝的身体语言,你知道多少?
练习7 巧用肢体语言表达意愿

Part 6 没有一种批判比自我批判更强烈 ——跳出过度自省的怪圈 147

148 — 1 "我总是反思,是不是我做得不好"
修正信念1 过度自省是一种自我攻击

153 — 2 "如果我……就不会……"
修正信念2 别把所有的罪责归于自己

156 — 3 "很容易原谅别人,很难原谅自己"
修正信念3 你值得被自己同情和善待

160 — 4 "做不到完美,就会觉得自己很糟糕"
修正信念4 约束自己≠苛责自己

163 — 5 "总是忍不住回想自己做过的蠢事"
修正信念5 停止反刍,走出痛苦的循环

166 — 6 "怎样才算是无条件的自爱?"
修正信念6 你要允许自己不够好

Part 7 别再围着他人转,你不亏欠任何人 　　169
　　　　　——以自我为轴心去生活

170 — 1　把他人的评价当成一块石头
　　　重启人生1　过去你被它绊倒,现在你把它踩在脚下

174 — 2　不要再把命运之绳交给任何人
　　　重启人生2　拥有一个你说了算的人生

178 — 3　努力赚钱不可耻,更不是虚荣拜金
　　　重启人生3　正视欲望,对财富说"是"

182 — 4　我就是我,是颜色不一样的烟火
　　　重启人生4　你可以和多数人不一样

185 — 5　生活是养自己的心,不是养别人的眼
　　　重启人生5　别人怎么看,和你没关系

189 — 6　善待自己,觉知自己的感受与需求
　　　重启人生6　留一点时间自我疗愈

193 — 7　不因他人的催促,扰乱自己的脚步
　　　重启人生7　守住自己的节奏

Part 1 你以为是善解人意，其实是在讨好世界

——讨好型人格的 7 个迹象

你能敏锐地觉察到别人的需求，并努力满足别人的期待；你不愿意违背别人的意愿，也不愿意轻易给别人添麻烦；你很少发表不同意见，用赞同来避开冲突与竞争……当一切成为习惯，即使你感到纠结和痛苦，却仍会那么做。你以为这是善解人意，却忽略了一个事实，没有底线的善良，早已背离了善良，成为卑微的讨好。

1 "老板阴沉着脸,是不是我做错了什么?"

讨好的迹象1
习惯察言观色,对他人的情绪变化极度敏感

你有没有听过一个网络流行词——"KY"?

这个缩写来自日语"空気が読めない"(罗马音为kuuki ga yomenai,直译为"不会读取气氛"),形容一个人没有眼力见儿,不会按照当时的氛围和对方的脸色作出合适的反应。简言之,就是不会察言观色。

不知道从什么时候开始,察言观色成了一项备受追捧的能力,无论是在职场、社交还是亲密关系中,不会解读气氛,不能根据环境的变化调整自己的反应,就会遭人嫌弃和诟病,被冠上"情商低"的帽子;反之,懂得察言观色,能敏锐地觉察出他人的情绪变化,适时地调整自己的反馈,就意味着情商高。

察言观色的能力=情商指数,这个等式成不成立呢?

情商,是指对情绪的理解和控制,以最大化提升其对行动的正面影响。

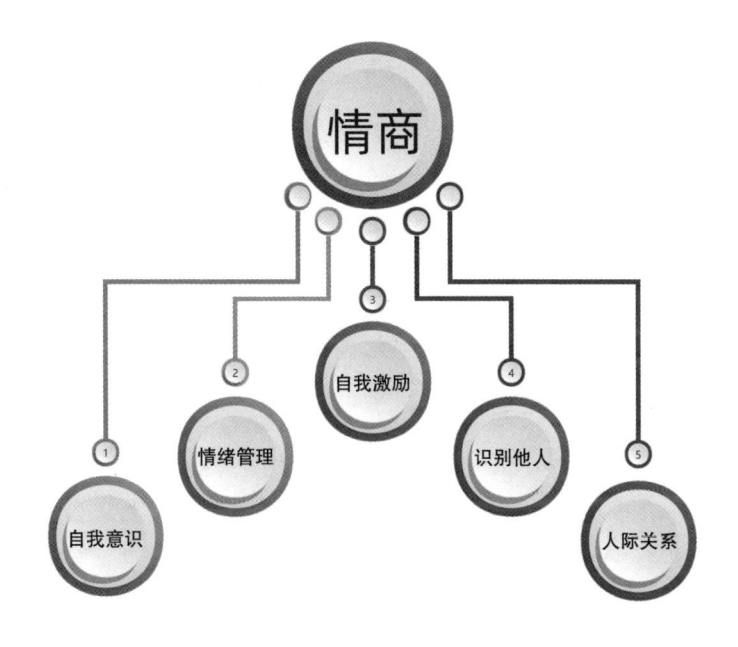

心理学家通过长期研究发现，情商主要体现在5个方面：

```
        情商
    1    2    3    4    5
  自我  情绪  自我  识别  人际
  意识  管理  激励  他人  关系
```

1.自我意识——及时注意自身的真实感受。

2.情绪管理——以正确的方式处理积极情绪与消极情绪。

3.自我激励——相信自我，肯定自我，有强大的心理复原力。

4.识别他人——识别和理解他人的情绪状态，并作出适当的回应。

5.人际关系——妥善地处理人际关系，轻松应对社交生活。

在人际相处中，人们有时并不是直接用语言表达自己的感受，而是以表情、隐喻、动作来表达心情和需要。高情商的人会察言观色，及时地体会到他人的这种表达，并作出适当的回应。但,这仅仅是情绪智力中的一部分,高情商还包含着对自我情绪感受的觉察与关注、对自身价值的认可,以及用恰当的方式处理人际关系。如果一味地强调察言观色,过度地共情他人,忽视自己的感受,就越过了情商的界限,演变成了讨好。

28岁的女孩大岛凪,总是笑眼弯弯,待人和气友善。她最擅长的事就是察言观色,只要氛围稍有一点尴尬,她立刻就会跳出来打圆场。有一次,同事的工作纰漏惹得领导大发雷霆,为了平息领导的怒气,她竟然主动站出来当"背锅侠"。

如此会察言观色的女孩,有没有在人际关系中如鱼得水呢?她自嘲地说:"我,多么愚蠢,多么可笑,以为自己卑微地读气氛、看脸色,别人就会真正喜欢我、接纳我,我可以得到幸福。可事实上,我一败涂地。"❶

在社交关系中,每个人都可能出于人情世故的需要,下意识地做出一些"讨好"行为,最常见的情形莫过于,逢年过节给亲戚、朋友、领导送礼物,或是对身边的同事、朋友不吝夸赞。这种"讨好"是一种普遍且正常的行为,其本质上是一种社交技巧。

讨好型人格与之有很大的区别,它是一种固定的人际交往模式。换句话说,一个讨好型人格者,除了一味地"讨好",

---

❶ 故事情节来自日剧《凪的新生活》。

不会用其他方式与人交往。

M犹如敏感的"勘测仪",时刻都在察言观色,总是可以又快又准地捕捉到他人的情绪。如果对方表现出开心、满意的样子,她会发自内心地感叹"真是太好了""终于可以松一口气了";一旦对方的情绪"晴转阴",哪怕只是皱一下眉头、露出一丝不悦,或是沉默了几秒钟,她都会感到极度不安,涌现出一连串的"内心戏":

——"老板阴沉着脸,是不是我做错了什么?"

——"为什么我说完那句话,他忽然沉默了?我要不要和他搭个话?"

——"客户看起来有点儿迟疑,我要不要再做一份方案?"

——"她今天心情不好,午餐时给她点杯奶茶?"

……

讨好型人格者的察言观色,最终的目的是让别人满意,让别人欢喜。他们隐忍细致、体贴迁就、温良恭顺,把漫长的纠缠与损耗全部留给了自己。

从某种角度来说,讨好型人格是自我意识弱的表现。发表在《自然神经科学》(*Nature Neuroscience*)上的一项研究结果指出:讨好他人会改变自己的行为方式,也会让你不再那么诚实。你会开始说一些善意的谎言,以便在交谈中说出对方想听的答案。起初,这些谎言可能无关紧要,但渐渐地,你会轻

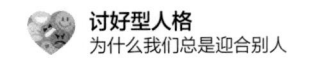

易地说出更多的谎言，而有些谎言会带来很大的危害。你完全没有意识到自己变成了另外一个完全不同的人，陷入了你所编织的谎言之中。❶

　　如果你也是这般地察言观色，请别再沉溺于"会做人"和"情商高"的虚名了。空气不是用来读的，是用来呼吸的；你自以为的善解人意，不过是在讨好世界，也没有人会珍惜。

---

❶ 《停止讨好别人》，［美］蔡斯·希尔，中国科学技术出版社，2022年11月。

2　"把羊毛卷拉直，成为他喜欢的样子！"

讨好的迹象2
渴望获得认可，极力满足他人的期待

讨好行为最可悲的地方在于，一旦开始，常常是没有尽头的。当讨好者被贴上了"温柔""体贴""善良""懂事"的标签之后，会不自觉地回应这些标签，回应他人对自己的期待。他们会担心，如果不按照别人所期待的那样行事，注定会被给予一个糟糕的评价，会毁掉别人对自己的美好印象。

大岛凪有一个神秘交往着的男友。之所以说"神秘"，是因为两人同在一家公司，而所有人都不知道他们在交往。男友的性格与凪完全相反，很擅长掌控气氛，是公认的职场精英。

在凪看来，有幸和这样一位男士交往，是她仅有的一点骄傲。她是天生的"羊毛卷"，从少女时代开始，就一直被母亲吐槽，所以她总是把头发拉得很直。男友曾经说过一句"我喜欢你的头发"，她就牢牢记在了心上。两人一起生活后，她始终不敢让对方看到自己的"羊毛卷"，每天早上趁男友没醒时，偷偷起来把头发拉直。

凪努力成为男友喜欢的样子，对方却从未公开承认过他们之间的关系，甚至在和同事闲聊时对凪进行各种嘲讽和挖苦，说她节俭寒酸，和她在一起只是因为性方面和谐罢了。站在门外的凪无意间听到了这些话，无法承受精神打击的她，直接晕倒在地。

凪对待男友的姿态，完整地呈现出了讨好型人格的迹象——渴望得到他人的认可，在言行上不自觉地讨好他人，极力满足他人的期待。

讨好型人格者的注意力焦点是怎样满足他人的期待，包括生活、工作、学习等各个方面的大小需求。他们通常会用付出（乃至自我牺牲）的方式来满足他人的期待，以此换得对方的认可或感激，体验"被需要"的感觉，找到自己在他人心中的位置，找到对自我的肯定。

在人际交往中，讨好型人格者特别在意自己是否被喜欢、受欢迎。为了获得他人的认同，他们会努力调整自己的感情去适应他人，养成通过满足他人的愿望来获得爱和安全感，以确保自己得到别人的关爱的习惯。可悲的是，在不断调适自我、迎合他人的过程中，他们会逐渐地忘记真实的自己是什么样子。

有讨好型人格倾向的来访者W，在咨询室里对我说："如果我爱上一个人,我会先打听他心目中的理想爱人是什么样子,努力让自己变成他喜欢的样子。他喜欢清纯我就清纯,他喜欢性感我就性感……"听到这番话时,我联想到了另外的一个故事。

故事的主人公是国外的一名女模特兼演员,她在事业上很有前途,深受业界人士的认可。后来,她疯狂地爱上了一个导演,对方有明显的大男子主义倾向。也许是出于对这个男人的爱与敬佩,她接受了他的掌控和指挥,以讨好的姿态向他保证:"我会永远努力让你满意。"

男导演带着她去看了整形医生,接下来,她就像一个任人摆布的玩偶,隆胸、隆脸颊,改善面骨结构,把嘴唇、眉毛和眼线永久着色……在努力让他满意的过程中,这个女人对自己的身份认同失去了控制,她做每一件事都渴望得到他的指点和同意,害怕自己的行为会出错,害怕被他厌恶和抛弃。她小心翼翼地讨好着他,可即便如此,依然没有阻挡她最担心的那一幕的到来……

每次想到这个故事,我都忍不住感慨——多么卑微,多么悲哀!

沉浸在过度的讨好中,努力满足对方的期待,渴望通过单方面的付出来维系一段关系,哪怕是过分的、不合理的条件,也不敢有丝毫的违背。这样的行为看似伟大、无私和忘我,实则是在忽略自我需求,削弱自我意识,失去对自我的掌控。

讨好型人格
为什么我们总是迎合别人

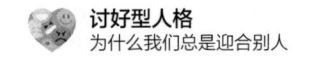

　　讨好型人格者之所以被称为"老好人"，就是因为他们渴望让每个人都喜欢自己，自我价值完全依赖于他人的认同。别人的一点点肯定都会给讨好者带来惊喜，他们全然忘了，人们本应该喜欢你本来的样子，而不是你为他们做了什么。若是因为你的付出而认同你，当你稍有差池、无法满足对方时，你就失去了利用价值，对方也可能会瞬间变脸。

3 "不帮同事做PPT，会不会伤了和气？"

讨好的迹象3
即使内心不情愿，也难以开口拒绝

电视剧《女心理师》播出后，剧中讨好型人格者小莫的遭遇，让不少人破防泪崩，小K就是其中之一。正是因为看了这部剧，小K才鼓起勇气，走进咨询室。

小K自称，他从小到大都是一个特别好说话的人，不知道怎么拒绝别人。只要别人开口找他帮忙，不管内心愿不愿意，有没有难言的苦衷，他都会答应，然后自己想办法解决。这个过程中充满了纠结与挣扎，他也会暗暗痛恨自己不该答应对方，可下一次遇到了类似的情境，即使那个"不"字已经到了嘴边，他也会硬生生地把它咽下去。

周围人总是夸赞小K热情温和，很好相处，他也认可了这样的评价，愿意做别人心中的"好人"。在过去的很多年里，他甚至把这种"好说话"的特质视为一种优点。然而，随着年龄和阅历的增加，特别是步入职场之后，小K渐渐发现，事实

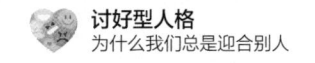

并非如自己所想的那样，他的生活因为"好说话"的特质，渐渐变得不堪重负。

小K家境并不富裕，上大学的时候，父母每个月给他的生活费很有限。可是，寝室的同学经常组织聚餐，无论是某人过生日，还是庆祝节假日，都少不了要去外面吃饭。有时，还要给同学送上一份礼物。对于这些活动，小K本身不是很喜欢，且经济条件也不允许，可他却一次也没有拒绝，都是强颜欢笑地出席。当聚会结束后，再压缩每日的餐食费用。

工作之后，好不容易开始了自力更生，可他依然不知道怎样"保护"自己。他知道自己经验尚浅，在很多地方需要他人的协助和支持，为了和团队人员搞好关系，他在上司和同事面前表现得很殷勤，承担了许多原本不该由自己去做的事。为了得到一个"好人缘"，他多次撇下自己手里的事，先帮同事解决问题，再独自一个人深夜加班，追赶进度。

有一次，他花了2小时帮同事整理会议资料，本以为事情到此就结束了，没想到同事竟然又央求他："哎呀，明天10点的会议，时间太紧张了，能不能和我一起做PPT呀？我做PPT太慢了，万一有纰漏就误大事了！你也知道，这会议对咱们部门有多重要……"

小K不太想帮这个忙，且认为同事的要求有点"变本加厉"了，可是脑子里的一个声音却阻止了他开口拒绝——"不帮同事做PPT，会不会伤了和气？都在同一个小组，日后还怎么相处呢？"想到这里，他又硬着头皮应承了。

日本作家太宰治在《人间失格》里写道:"我的不幸,恰恰在于我缺乏拒绝的能力。我害怕一旦拒绝别人,便会在彼此心里留下永远无法愈合的裂痕。"

成长,从来不是一件容易的事,更不存在一蹴而就的奇迹。人格成长之路很漫长,且会在实践中遇到诸多的困难、阻碍,但我也为小K感到庆幸,他没有继续原地踏步,而是主动踏上了这条自我救赎与自我超越的路。

小K想用勤奋换得认同,想维系融洽的人际关系,这个出发点本身没什么问题。可是,无条件地接受任何请求,牺牲自己的时间优先处理别人的事情,就违背了初衷,也会距离目标越来越远。职场需要的是可以创造价值的员工,而不是把所有精力都用来讨好别人的"老好人"。更何况,受边际递减效应的影响,别人会慢慢习惯你的付出,习惯你从不拒绝的态度。当有一天你不想这样做时,你会发现自己立刻变得不受欢迎,甚至还会惨遭埋怨。

不懂拒绝让讨好型人格者变得卑微又悲催,生活被一张张写满承诺和待做事项的清单占据,没有自由支配的空间,也没有休息和娱乐的空闲。生活仿佛不再是自己的了,凡事都要看别人的脸色,只能默默记下别人的要求,皱着眉头去执行:做好了,继续维系"好人"的名声;做得不好,还要被人嫌弃。

这就是可怜又可悲的老好人,宁愿说谎也不敢说"不",没有原则和底线地接受他人的请求。殊不知,凭借讨好去维持

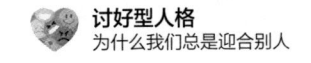

的关系，迟早都会断裂。没有谁是依靠服从他人的一切要求来证明自己的价值和尊严的，不懂拒绝的人生，注定是一场苦涩之旅。

4 "提出那样的请求,显得我很矫情吧?"

讨好的迹象4
不敢向别人提要求,害怕给别人添麻烦

几年前的一个夏天,我和朋友Z一起买茶饮,当时手里有些零钱,就没有用手机支付。我递给了营业员40元的纸币,按照2杯茶饮的价格计算,他需要找我1元的零钱。

营业员递给我一张1元钱的纸币,我看了一下,纸币非常破旧。我没有多想,本能地对他说:"这张纸币太旧了,帮我换一张吧!"营业员接过钱,重新找了我一枚1元硬币。

这是一件很平常的小事,小到完全不需要去在意,我之所以会记得这么清晰,完全是因为朋友事后跟我说的那番话:"你知道吗?如果是我,可能就直接把那张纸币装起来了,不好意思让人家帮我换。刚刚看你说得那么自然,那么'理直气壮',我竟然还生出了一点羡慕……有些事情是很小、很平常,可是对有些人来说,它就是很难做到。"

我完全可以理解朋友Z的感受,以及她所说的那种"被小事难住"的困惑与挣扎。不敢向他人提要求,确实是讨好型人格的一个明显特征。他们习惯了戴着"老好人"的面具,对别人提出的请求,从来都是有求必应;可到了自己这里,即使是正当的需求,也觉得难以开口,经常是压抑自己的需要,委曲求全。如果迫不得已麻烦了别人,一定要想方设法补偿对方,否则内心会充满不安和愧疚。

为什么讨好型人格者不敢向别人提要求呢?

就买茶饮找零钱之事,朋友Z是这样解释的:"那1元钱纸币只是旧了点,不换的话也可以用,我总觉得向营业员提出换一张新币,会不会显得很'矫情'?万一他回复我,没有新的纸币,我可能会感觉特别尴尬,比较抵触这样的情景。当时,后面排队的人那么多,要是因为1元钱的小事耽误时间,也会招人烦的吧?"

有没有发现,Z给出的这一系列解释全都是围绕"他人"展开的:怕给人留下"矫情"的印象,怕遭到别人的拒绝,怕被人指责和讨厌。这就是讨好型人格者不敢开口提要求的症结,他们太在意别人的眼光和评价,时刻把别人的感受放在第一位,而不去思考自己的需求和感受。

讨好型人格者是不是只对外人不敢提要求呢?不,在与同事、朋友和家人相处时,他们也经常压抑自己的需求,但这些被压抑的需求和情感不会消失,而是以其他的方式表现出来,可能是身体上的疾病，也可能会在情绪积累到一定程度时集中爆发。

小秋和男友商议，以后每个周末的早上都由男友去遛狗，她留在家中做饭。男友欣然同意，还表示借助遛狗的机会，可以出去活动一下身体。可是，真到了执行时，男友却总是拖拖拉拉，好几次都是小秋催他起来的。

上个周末，小秋眼看着时间一分一秒过去，男友已经拖延了40分钟，还没有起来去遛狗，她终于按捺不住愤怒的情绪对男友说道："我特别不喜欢向你提要求，好像我是一个'恶人'，逼着你做事情一样！你也不喜欢我这样唠叨吧？既然都是商量好的事，为什么你就不能主动去做呢？"

男友揉揉眼睛，对小秋说："不好意思，我起晚了。我从来没有觉得，你跟我提要求就成了'恶人'啊！我不经常遛狗，有时就把它忘记了，下次我再睡过头，你直接叫我就行了。"

听完男友的话，小秋瞬间就不生气了，她忽然意识到：男友并不是不想去，他只是平时不遛狗，周末忽然增加了这项事宜，还没有形成习惯。至于自己的那些愤怒，完全都是她自导自演的内心戏码，是她不敢向男友提要求，认为"要来的不值钱"。

对讨好型人格者来说，没有什么比被人说挑剔、自私、不懂事更难受了。不向别人提要求，就不会看到对方为难的样子，也不用面对可能会遭到拒绝的尴尬，更不必承受因为对他人有需求而产生的那一份羞耻感。

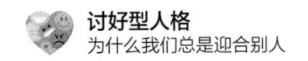

5 "这方案不是很好,但我还是举手同意了!"

讨好的迹象5
不敢表达不同意见,畏惧冲突与争执

现实中的"老好人"并不少见,在电视剧《女心理师》热播之后,微博话题"你是讨好型人格吗"上了热搜,我浏览的时候,阅读次数已经超过了3亿,讨论次数超过了5万。

我们来做一个小测试,下面有一些词语,你认为哪些词语比较符合你的性格特点?

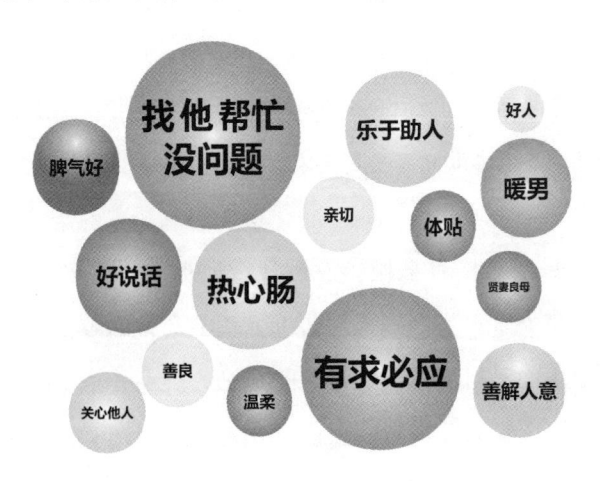

找他帮忙没问题　乐于助人　好人　脾气好　暖男　亲切　体贴　好说话　热心肠　贤妻良母　善良　有求必应　善解人意　关心他人　温柔

如果这些标签你中了70%以上,那么你可能也存在讨好型人格的倾向。

澄清一下,讨好型人格并不是一个贬义词,也不属于人格障碍,而是一种潜在的不健康的行为模式。虽然人格具有独特的、相对稳定的行为模式,但它并不是僵化的、无法改变的。每个人的人格或多或少存在一些不完善之处,但也正因为万物皆有裂痕,才给了光照进来的可能。人的成长过程,就是不断了解自我、提升自我、完善自我的过程。

讨好型人格者情感细腻、共情力强,总能够在第一时间感受到别人情绪的变化,觉察到别人最需要什么,会很自然地站在对方的角度去看、去听、去想问题,能够对他人的不幸遭遇给予共情。他们性格温和,不喜欢与人起冲突,不自夸,个性淡薄,与人相处时也会避开紧张与冲突,以维持和谐的人际关系。

这些特质是讨好型人格者身上的闪光点,也是人性中的美好之处。只不过,现实中绝大多数的讨好型人格者并没有抵达"健康人格"的层级,或多或少存在着一些缺陷,比如:情感细腻,可以拥有更多的感触和体悟,但对他人的情绪反应过分敏感,就会给自己带来困扰,造成精神内耗;有同理心是好事,可以更好地理解他人,但过度共情就会认为自己有责任帮助对方解决问题,从而在身体和情感上感到疲惫。

讨好型人格者给人的印象大都比较亲切、随和,这是一种

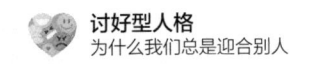

与生俱来的特质，为打开社交之门提供了极大的便利。可是，如果随和过了头，失去了分寸，不考虑自己的需求和感受，用迁就的方式来维持人际关系的和平状态，那就是一种人格缺陷了。

部门同事聚餐，采用AA制的方式。有人提议吃川菜，S根本吃不了辣的，可她却应和着说"川菜不错"；有人不同意，表示想吃西北菜，S也附和着说"我没有意见"。其实，S最喜欢吃粤菜，只是因为害怕同事不喜欢，认为她的提议太过"小众"，故而闭口不提。

S特别害怕跟别人起冲突，哪怕只是很小的一件事，哪怕只是别人的一个蹙眉，都会让她心里不舒服很久。她尽量回避冲突与争执，即使是自己不想做的事，也不会激烈地抗议。别人都觉得S很好相处，他们并不知道，这份"好相处"来自隐藏自己的想法和意见。

和讨好型人格者相处时，经常会听到这样的声音：

——"随便！"

——"都可以。"

——"我没有意见。"

——"听你的吧！"

——"不用考虑我。"

——"我忍一忍就好了。"
——"千万别伤了和气。"
——"大家都不容易。"

从不主动发表意见，不作决定，不说吃什么，不说看什么电影，不说去哪家咖啡店，凡事都让别人来决定，自己只是被动跟着去。这是讨好型人格的一个特点，但因为它表现得比较隐蔽，常常会被他人（甚至是讨好者自己）误认为是"随和"。

没有人喜欢和别人争论，但厌恶所有冲突未必是一件好事，你希望保持和平、融洽的关系，故而选择妥协、息事宁人、放弃自己的权益和需求。可是，你有没有想过，从来不为自己说话，不为自己争取，会有人知道你的想法吗？会有人在意你的需要吗？长此以往，也就没人再征求你的意见了，你就这样"被透明"了。

你可能会很难过，为什么大家都不考虑我的感受？但更让你感到无力的是，下一次再遇到相似的情形，你还是会下意识地说："随便，你们定就好了。"

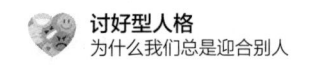

6 "再懒散下去就失业了,得帮帮他!"

讨好的迹象6
缺少边界意识,总想为别人的事情负责

去年夏天,我到辽东半岛的最南端游玩,恰好当日天气晴好,有幸目睹了黄渤海分界线。景观很美,也令人感叹——渤海略黄,黄海湛蓝,两海相交却不相融,彼此之间有一条清晰的边界。想来不融也是对的,毕竟是两片不同的海域,若融合在一起,还有何分别呢?

生活中的物理边界,都是一目了然的。你看,家家户户都有围墙,种花草或蔬菜的庭院有篱笆,田间地头有壕沟,这些边界都在传递着同样的信息:这是我的地盘,我是它的主人,未经我的允许,谁都不可以越界。

其实,我们的身体与心理也是有边界的。身体最基本的边界是皮肤,它可以防止细菌的侵入,这也是清晰可见的。然而,心理的边界并不是外显的,它隐含在语言、情绪、态度和信念中。有心理边界意识的人与缺少心理边界意识的人,在生活中的表现完全不同。

美国心理学家约翰·汤森德博士指出:"心理边界健全的人,对于生活和他人都有明确的态度,做事的立场也很坚定,观点清晰,有自己的追求和信仰;反之,没有心理边界的人,由于内心缺少判断的标准,故而做什么事情都犹豫不决、态度暧昧,对待工作、生活、感情都没有参考的标准。这样的人在参与人际交往的过程中,总是处于被动的境地,一旦别人态度稍微强势一些,他们就会毫不犹豫地妥协和退让。"

构建心理边界的意义,是让我们拥有一个独立而强大的人格,更好地了解自己的情绪、感受和需求,遇到不喜欢的事情、超出承受范围的请求,以及不公平、不舒适的对待时,敢去捍卫自己的尊严与感受,学会真正地爱自己,同时也学会真正地爱他人。

透过约翰·汤森德博士的描述,我们也可以清楚地认识到:多数讨好型人格者缺少心理边界意识,他们不敢拒绝别人的无理请求,不敢表达自己的真实想法。别人抛过来的所有情绪和问题,他们都会无条件地接受。更可悲的是,即使别人没有把麻烦抛给他们,讨好型人格者也会主动上前,去背负原本不属于自己的包袱。

Cece工作能力很强,在公司里担任助理的职位。不过,她干的却不仅是助理的活儿!每天早上,她第一个来公司打扫整理;上司进门后,她立刻把咖啡端过去;新人在工作上遇到了困难,都会找她求助,认为她脾气好、有耐心;同事在工作上

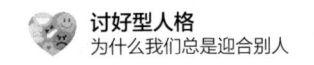

捅了娄子，也会把"烂摊子"丢给她处理。

上周，公司要做一项提案，负责人是同事Y。Y做事总是粗心大意，近期，上司想考验一下Y的态度和能力，作为"去留"的考量。接下这个项目后，Y感到了前所未有的压力，但并没有表现出强大的行动力，似乎有点儿"破罐子破摔"的意思。

见Y愁眉苦脸、唉声叹气的样子，Cece内心的"老好人"瞬间被唤醒，她心想："再懒散下去就失业了，得帮帮他！"接着，她就主动把自己对这个提案的一些想法发给了Y，让他作为参考，还强调"有需要帮忙的地方，随时跟我说"。

最后，Y顺利通过了考核，当然里面有一半的功劳是Cece的。她本以为，经过这件事，Y的工作态度会有改观。没想到，仅仅过了半个月，小组合作一个项目时，竟然有人把估价单搞错了！上司追责，Cece询问了一圈，发现是Y的错，可他却请病假躲了。为了平息上司的怒气，尽快解决问题，Cece重新做了一份估价单，活活背下了这口黑锅。

很明显，同事Y的工作态度存在问题，做事不认真，缺少责任感。可是，过度共情的Cece却认为Y的粗心大意是事出有因，为了不让Y遭到解雇，她主动站出来帮Y去处理提案的事宜，而这根本就不是她的事，对方也并未开口向她求助。

当别人陷入困境，遭遇情绪困扰，或是在生活中挣扎时，讨好型人格者总想帮助他们过得更好，认为自己需要对这一切负责。这种过度的责任感，混淆了关系中的边界，让他们分不清楚哪些责任是自己的，哪些责任是别人的，经常把自己搞得疲惫不堪。

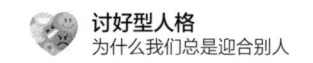

7 "不想帮忙代购了,可是怎么说呢?"

讨好的迹象7
没有底线和原则,利益受损也不敢维护

没有清晰的心理边界,致使讨好型人格者总是渴望借助自己的付出赢得他人的好感,很容易在人际交往中丧失原则。有些时候,即使别人做出了一些触碰底线的行为,让他们的自身权益受损,他们也不敢出声维护和反抗,生怕惹得别人不高兴。

姑娘H说,她现在越来越讨厌看到"闺蜜群"里的消息,几度想要退群,可终究还是抹不开面子。群里的几位闺蜜都是大学时代的同学,以前经常聚会,分享一些日常。

两年前,H去了美国,她的烦恼正是从那时候开始的,具体事件和代购有关。说起这件事,她认为根源在于自己——太热情、太好心、太好说话,因为是她先提议的代购之事,也顺利帮闺蜜们买了两次东西。从那以后,闺蜜们隔三差五就让她帮忙代购。

买东西这件事情本身就不轻松，可闺蜜们从来都是只给H物品的价钱，压根儿没有人提过代购费用，似乎没有人在意H为此付出的时间成本、用车成本，就只是说一句口头上的"谢谢啦，你真好！"更让H憋屈和气愤的是，有时候闺蜜们还会"欠款"，东西都用了好久，钱却没有给H，不知道是真忘了，还是故意拖着。

H想过回绝闺蜜的代购请求，可是碍于彼此之间的关系太熟了，她不好意思开口。另外，闺蜜群有四五个人，如果她退群的话，又担心闺蜜会在私下里议论她，从此没朋友可做。

姑娘H的处境，让我联想到了英剧《唐顿庄园》里的那个厨房女仆，没有任何的地位和尊严，人人都可以支使她。她总是选择隐忍和退让，一次次地吞下苦涩和委屈。

其实，事情本身并没有多么复杂，只要在群里说一句："我现在的课业比较重，没有时间和精力帮大家选购物品，所以今后不能再帮大家代购了，望理解"，也就不用烦恼了。可是，对于讨好型人格的H来说，说这样的话太难了。不敢开口，看似是害怕破坏与闺蜜之间的关系，实则是害怕破坏她在闺蜜那里的"好人"形象，哪怕"欠款"之事已经侵犯了她的个人利益，她也没有制止和拒绝，而是碍于面子选择了默许。

你应该也听过这句话："未经你的允许，没有人能够伤害你。"讨好型人格者总是在关系中被轻视、被伤害、被辜负，有很大一部分原因是他们缺少底线和原则，利益受损也不敢维

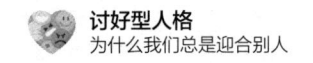

护和反抗，沉浸在"牺牲自己的利益成全他人"的道德式自我感动中。

虽说"人生在世，难得糊涂"，做人做事没有必要斤斤计较，可是这并不意味，可以习惯性地放任自己吃亏，没有底线地损伤自己的利益，为了不得罪他人被迫隐忍，仅仅维系着表面上的和气，牺牲自己的利益去取悦别人。

Part 2 总是忍不住取悦别人，你到底在想什么

——讨好背后的心理困境

讨好不是错，也不是罪过，如果可以有尊严地活着，如果可以遵从内心做自己，谁也不愿意以卑微的方式活着。没有无缘无故的讨好，谁也不是天生的讨好者，是无法选择的环境和经历造就了讨好型人格者。如果你总是忍不住取悦别人，你需要看见隐藏在讨好背后的那些创伤，看见自己的迫不得已，那样你才会真正懂得自己的不易，才会放下内心对讨好型人格的羞愧与自责。

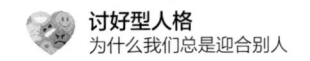

1 别人沉默几秒，你怎么就慌了？

心理困境1
"别人不高兴是因为我"

讨好型人格者就像是长着一对超灵敏的触角，对他人的情绪和感受非常敏感，哪怕不悦的神情只在他人脸上停留了1秒钟，他们也能敏锐地捕捉到，并在内心掀起波澜。紧接着，他们可能会做出一些取悦和讨好的行为，试图看到愉悦的神情重新回到对方的脸上。

对于讨好型人格者的这种敏感和讨好行为，有些人觉得难以理解：每个人都会遇到或想起烦心的事，每天都会体验到不同的情绪，这不是很正常吗？为什么别人不高兴，我要去取悦他、讨好他呢？和我有什么关系呢？问题的症结，恰恰就在这里。

讨好型人格者的内心有一个不合理的假设：他人的情绪变化与我息息相关，对方不高兴肯定是因为我做得不好。他们非常害怕别人对自己有负面的评价，为了维持一贯的好印象，他们时刻都保持着警惕，关注他人的情绪感受。

Ken特别善于觉察别人的情绪，他说自己从小到大一直是这样的，不管是家人、亲戚、朋友，还是领导、同事，只要他们情绪有一点点异常，他都能够敏锐地捕捉到，而周围人却没有他这么敏感。

　　在公司的时候，偶尔他会询问同事："你有没有发现，领导今天的脸色不太好？刚才开会的时候，他还走神了几秒钟，好像有什么心事。"同事一脸诧异地摇头，说："是吗？我怎么没有发现？你想多了吧！"

　　正如同事所说，Ken确实想得比其他人多，他不仅能够感受到他人的情绪变化，还会深受他人情绪的影响，特别是在社交场合，向他人询问某些事宜时，哪怕对方只是迟疑了一瞬间，他也会敏锐地觉察到，并在脑海里对他人的迟疑进行各种解读——他会不会觉得我很啰唆？他是在想怎么拒绝我吗？

　　别人的情绪变化，在Ken的眼中像是被放大了10~20倍，他似乎能够感受到某种"磁场"，尤其是对生气、愤怒、失望这类负面情绪，捕捉速度更是迅速。哪怕对方表面上看起来毫无波澜，嘴上说着"没事"，但Ken依然可以感受到平静之下的波涛汹涌。

　　由于对他人的情绪太过敏感，且总是忍不住过度解读和琢磨，Ken感觉很不舒服。所以，他总是试图让周围的人都保持愉悦的状态，一旦对方稍有不悦，他就会不自觉地取悦对方，以便安抚对方的负面情绪。别人都说Ken善解人意，其实他自己也说不清楚，这么做到底是出于对他人的关心，还是为了消

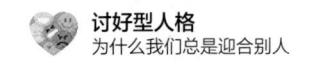

除他人的情绪变化带给自己的影响。

有时候，Ken也希望自己可以钝感一点，无奈的是，他关不上自己异常敏感的"雷达"。

为什么讨好型人格者对他人的情绪变化如此敏感呢？

美国心理学博士伊莱恩·阿伦，是最早对高敏感人群进行研究的心理学家之一。她指出：人群中约有20%的人有着异常敏感的神经系统，在同样的情形和刺激下，他们能够感受到被他人忽略掉的微妙事物，自然而然地处于一种被激发的状态；在面对他人的情绪变化时，也会表现出更强烈的生理反应。

如果把大脑中的过滤器比作筛子的话，多数人的筛网是比较精细的，有很强的过滤能力，可以把许多信息挡在外面，避免受其干扰和影响。相比之下，高度敏感者大脑的筛网比较稀疏，多数人难以觉察的那些信息统统都会涌入他们的大脑，迫使他们对其进行加工处理，他们因此表现出与常人不太一样的强烈反应。

讨好型人格者对他人情绪过度敏感的特质，虽有生理机制的影响，但先天因素也只是一部分原因，更多的是在后天成长过程中形成的。

➡ 因素1：长期生活在危险的环境中，把情绪变化视为危险的信号

Ken自幼跟随父亲一起生活，父亲的情绪很不稳定，动

不动就发脾气，有时还会对Ken动手。生活在这样的家庭环境中，Ken如履薄冰，处在一种持续惊恐、焦虑和恐惧的状态，他不知道接下来会发生什么，只能小心翼翼，避免给自己带来痛苦。

上小学的时候，Ken就可以从父亲的眼神或语气中解读出他的心情。他会尽量做到听话、保持安静，甚至走路都是轻手轻脚的，生怕吵到睡着的父亲。这样的成长经历，让Ken被迫学会了对他人的情绪保持高度的敏感。

在讨好型人格者看来，他人的情绪变化是一个危险的信号。他们必须第一时间觉察到他人情绪上的细微变化，迅速作好应对的准备，这样才能最大限度地保护自己。所以，一看到别人出现不悦的神情，他们就会本能地感到焦灼和不安，为了重新收获安全感——看到别人平静或开心，就会下意识地做出取悦行为。

◯ 因素2：长期生活在批评的环境中，把情绪变化视为对自己的批判

Susan的父母都是中学教师，对她的要求极高，说是苛刻也不为过。考试得了100分，似乎都是应该的，要是得了98分，会拼命追问那2分是怎么丢的。哪一道题目错了，就要做上10道同类题来"补缺"。总之，表现好了没有夸奖，表现不好一定有惩罚。

对于父母的言辞批评，Susan尚且可以忍受，最让她感到虐心的是，母亲的沉默。当她没有达到母亲的要求时，母亲有时并不会指责她，而是一句话都不跟她说，只顾自己叹气。那一声声叹息，虽没有任何言语流露，可Susan听到的是母亲对自己的失望。

长大后的Susan，特别害怕面对他人的沉默，哪怕别人是在思考问题或是走神了，她也会觉得那是对自己的批判，是在指责自己不够好。

临床心理学家研究指出，以批评为主的教养方式会对孩子造成深远的影响，它会将孩子的大脑训练成一种"过度强调过失"的模式。孩子会把父母的苛责内化，认为那是对自己的客观评价，自己就是那么糟糕、那么差劲。长大之后，他们会对别人的情绪变化格外敏感，并将他人的情绪视为对自己的批判，为了让他人喜欢自己、对自己满意，他们就会用讨好的方式去平复他人的情绪。

长期生活在危险性和批评性的环境中，很容易形成讨好型人格。为了避免自己受到伤害，或是避免受到负面的评价，他们只能"先入为主"，假定对方的负面情绪一定和自己有关，在未受到伤害和未受批评之前，率先做出讨好的举动，以避免那些他们不想看到的情景，即使那些情景出现的可能性为零，他们也要做好万全的准备。

2 为什么她总是做鬼脸逗人笑？

心理困境2

"我必须做点什么才能被爱"

讨好型人格者在与他人的关系中，总是自动将自己放在取悦别人的位置上。

"生而为人，我很抱歉"，看过电影《被嫌弃的松子的一生》的朋友，一定对这句话印象深刻。童年时代的松子，是一个漂亮单纯的小姑娘，她也和诸多女孩子一样，有过白雪公主和白天鹅的梦想。可童年期的美好愿望和强烈需求，却被那个体弱多病、久卧床榻的妹妹久美"夺走"了，特别是父亲的爱。所以，松子的内心一直怨恨着久美，似乎有个声音在说："如果没有你，父亲就会喜欢我；就是有了你，让我成了多余的。"

松子不知道怎么做，才能让父亲像对待久美一样对待自己。她很努力地读书，一切选择都按照父亲的意愿来做。有一次，她无意中做了个鬼脸，惹得父亲发笑，她觉得好有成就

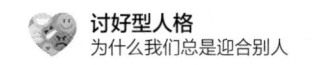

感，那个鬼脸后来竟成了她的招牌表情。每次紧张得不知所措时，她都会不自觉地做鬼脸，好像别人看到她那个样子，就会喜欢她、包容她。

松子用做鬼脸取悦父亲，获得父亲的关注和疼爱，这种行为模式一直延续到她成年。她交往了几个男朋友：落魄的作家、有妇之夫、街头混混，在每一段亲密关系中，她都试图用取悦的方式维系与对方的关系。她把讨好别人当成了获得幸福和爱的唯一途径，结果就在"渴望被爱→取悦→被伤害→继续取悦"的模式中度过了她的一生。

关于讨好型人格的成因，心理学家归纳了不同的可能，其中原生家庭的影响最为深刻。如果个体在早年时期没有被给予足够的自主选择权，或者养育者没有给予无条件的爱，他们就会认为，只有自己做一点特别的事情，才能得到父母的疼爱。于是，他们就下意识地去做符合父母期待的行为。成年之后，他们会将这种思维延伸，难以相信别人会无条件地爱自己，总是需要不断从外界获得反馈，才能确认自己是值得被爱的。

安全感的根基，通常都来自早年的养育者的支持与关爱，这是一个人内在力量的发源地。如果早期没有在情感上得到很好的回应，就很容易在日后的心智旅程中走一些弯路。讨好型人格者总是在关系中取悦他人，恰恰是被"不被爱、无价值感"的内在信念困住了，害怕自己被讨厌、被抛弃，为了维系"被认可、被接受、被喜欢"的形象，不敢表现出任何的攻击性与伤害性，只会一味地迁就和取悦，连最起码的尊严都失去了。

因为觉得"我不值得被爱"，所以更渴望获得他人的嘉许，如果收到的是负面的评价，就会被沮丧和失落包裹，强化自己"一文不值"的信念。为了消除这种不适感，讨好型人格者就选择用取悦的方式去兑换正面的评价。然而，这就像是一个恶性循环——永远不能让所有人都满意，只能持续不断地去讨好，哪怕已经身心俱疲、伤痕累累。

3 你那么不情愿,为何不肯拒绝呢?

心理困境3
"我害怕让人失望"

"不",简单干脆的一个字,却是讨好型人格者的致命软肋。

芊芊性格温和,善解人意,经常被周围人称赞是"好姑娘"。可是,这个好姑娘活得一点也不开心,"真实的她"和"现实的她"经常发生争执与撕扯。

真实的芊芊:"为什么要答应同学去参加聚会?周末在家睡觉不好吗?"

现实的芊芊:"同学难得邀约一次,不去的话,似乎不太好。"

真实的芊芊:"难得有个清闲的周末,可以在家里读两本书,又泡汤了!"

现实的芊芊:"我说不去的话,她们会不会生气?会不会伤害我们之间的关系?"

芊芊不好意思拒绝同学的邀约,她担心会让对方失望,会有损彼此之间的关系。最后,为了确保同学不受伤害,她选择了委曲求全,把煎熬留给自己。

试想一下:假设芊芊拒绝了同学的邀约,结果会不会像她想的那么严重?其实,那种糟糕的结果90%来自芊芊内心的投射。别人在发出邀请的时候,早就已经想到了,会有人来,也会有人不来。

为什么讨好型人格者总是迁就他人,内心再怎么不情愿,也不敢拒绝呢?到底是什么困住了他们,让他们难以开口说"不"?

乌小鱼有一篇刷爆网络的心理漫画,叫作《为什么你不敢拒绝别人?》。这篇漫画适用于所有出于怕对方难过、失望而不敢拒绝的讨好型人格者。

讨好型人格者很害怕拒绝会让他人生气,会破坏彼此之间的关系。其实,这种担忧大可不必。真正信任和尊重你的人,不会因合理的拒绝而恼火;明知你不愿意,非让你勉为其难的人,看重的也只是你的利用价值,不值得交心。

退一步说,就算你的拒绝是合理的,对方也难免会生气,但这不是你的错。面对这样的情形,不必有太多的内疚。有些人难过,是因为这种拒绝的情境勾起了他过往的创伤,而那不是你造成的;有些人难过,是因为他们本身缺乏同理心,无法设身处地为你着想。

没有谁是不知疲倦的木头人,对于那些不合理的、无能

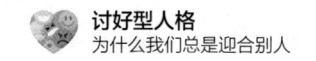

为力的请求，记得多听听真实自我的心声，尊重内心的情绪和感受。盲目地接受他人的要求，不顾自身的情况，就如同自我的世界被他人的意志占满，让身心持续处在紧张和疲劳的状态下，既得不到协助，又无法完全摆脱，只能拼命压榨自己的时间和精力，激发更多的能量来兑现承诺。

4 不敢为自己争取,也不敢反抗他人?

心理困境4

"我不配……"

契诃夫的短篇小说《柔弱的人》,把讨好型人格者的卑微与软弱描述得淋漓尽致。

为了兼顾工作和孩子的教育,杰克先生给孩子们请了一位名叫尤丽娅的家庭教师。她是一位涉世不深的年轻姑娘,性格温和,很好说话。让杰克感到意外和疑惑的是,尤丽娅工作了2个月的时间,竟然没有向他要薪水,这让杰克感觉很"不正常"。

那天,杰克主动把尤丽娅请来,对局促不安的她说:"我们来算算工钱吧!你可能需要用钱,但你太拘泥礼节,不肯开口。你已经工作2个月了,上个月的薪水我都没有给你。我们和你谈过,每个月30卢布……"

"40卢布……"尤丽娅轻声地说。杰克摇摇头,打断尤丽娅的辩解:"不,是30卢布,我有记录的。我向来都是按照这

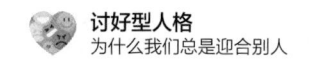

个价格来给家庭教师付钱,你待了整整2个月。"

"2个月零5天……"尤丽娅小声地辩解。杰克再次打断她的话:"就是2个月,我这里有记录。按理说,我应该支付你60卢布,扣除9个星期天的工资,星期天你不用给孩子们上课,只是陪他们玩。另外,还要减去3个节日的工资……"

尤丽娅的脸涨得通红,但仍旧一言不发。杰克继续说:"3个节日的工资一并扣除,应该扣12卢布。孩子有4天病假,你牙痛3天,夫人准许你午饭后歇息,扣除这些费用之后,应该是40卢布,没错吧?"

此时,尤丽娅的眼睛已经红了,并轻声地咳嗽起来,但她还是什么也没说。

杰克见她没有异议,再次开口说道:"你打碎了一个带底碟的配套茶杯,扣除2卢布。因为你的粗心大意,孩子爬树划破了衣服,扣除10卢布。女仆盗走皮鞋一双,也是你玩忽职守导致的,再扣除5卢布。9号那天,你支取了9卢布……"

尤丽娅嗫嚅道:"我没有支取过。"杰克指着账本,说:"这里有记录的,40再减26得14。"尤丽娅的眼泪已经止不住了,她用颤抖的声音说:"我只从夫人那里支取了3卢布,此外,就再没有支取过。"

杰克看了看账本,说:"是吗?这么说,是我漏记了?从14卢布里再扣除3卢布,那就是11卢布。这是你的薪水,拿好了!"尤丽娅接过钱,小声地说:"谢谢。"

这时,杰克忽然站起来,开始快速来回行走起来。他急促地问:"为什么要说谢谢?分明是我洗劫了你,是我偷了你的钱!你为什么要谢我?你不应该愤怒吗?"

尤丽娅说:"在其他地方,一文钱都不给。"杰克叹了一口气,说:"难怪,你的经历太残酷了。刚才我是在跟你开玩笑,80卢布我早就给你装在信封里了。我只是不知道,你为什么不抗议?为什么沉默不语?为什么这样软弱?"

艺术源自生活,只是现实中讨好型人格者的经历没有如此夸张罢了。家庭教师尤丽娅没有做错任何事情,可是她连自己应得的报酬都不敢争取,还任由雇主随意克扣自己的工资,一句反抗的话也不敢说。从始至终,她都没有把自己和雇主放在平等的位置上,甚至认为是雇主施舍了自己一份工作,能主动给自己发工资已经是莫大的恩惠了。她完全没有意识到这是自己辛苦劳作换来的报酬,它本就是自己该拿的钱!

尤丽娅是讨好型人格者的缩影,他们的内心深处大都有一个自卑、软弱的小孩,潜意识里有强烈的"不配得感":总觉得自己低人一等,不值得被重视,不配提出自己的需求,从来都不敢为自己争取什么;即使是在受到他人的侵犯、刁难或欺负时,也不敢反抗,总觉得一定是自己做得不好,才会被人这样对待,只有顺从和迎合,才能让他人对自己改观。

心理学上的配得感,是指一个人对自己的价值和能力有清晰的认知与自信,相信自己配得上更好的物质、认可、关怀与爱,即"我值得拥有"。

讨好型人格
为什么我们总是迎合别人

来访者小雨，读小学的时候遭受过校园欺凌，班里有两个孩子总是向他要零用钱，还动不动就制造点事端，故意让他出糗。小雨试图向父母求助，没想到，父亲却反过来质问他："为什么他们总是纠缠着你？你有没有想过这个问题？你得在自己身上找找原因。"

一个在外面受了欺负的孩子，本能地向父母寻求保护，渴望被支持、被关爱，渴望他们能体会到自己的委屈。然而，父母非但没有接住小雨的情绪，还把他的所有感受都强压下去了，让他反思自己的"错误"。当这种自我归因被反复强化，小雨的内心就会认为：如果别人对我不友好，那可能是我做得不好，"我不配"被人善待！

自我归因是一种适应性功能，即通过把问题归咎于自己，贬低和伤害自己，从而为完全随机的事件注入意义，让这个事情重新变得可控。

"我不配"是一个负面的自我信念，它会影响个体的自尊水平与配得感。有时候，为了维持内在的这一自我信念，人们可能会排斥掉很多好的东西，哪怕这个自我信念是不真实的。

努力学习得到了老师的关注，内心就开始惶恐，认为自己不可能成为"尖子生"；减肥刚刚有成效，马上就要变瘦，忽然觉得自己不可能拥有"女神身材"；接到了大公司的入职邀请，却找个理由推掉了，不敢相信自己可以成为其中的一员；

不敢接受条件优越的异性，总觉得自己配不上对方，只能将就着选一个条件不如自己的人。

结果不难想象：学习，总是不能突破现有的成绩；减肥，总是反反复复；工作，总是在小公司当普通职员；恋爱，总是在消耗性的关系里挣扎。更可怕的是，这样的情形又进一步巩固了自我信念——"看，我就是配不上……"

这就是一场自证预言！如果讨好型人格者无法走出"我不配"的心理困境，这种糟糕的循环会一直持续下去。那么，怎样才能打破这个恶性循环呢？

从现在开始，不断地提醒自己："过去发生的那些事情，不是因为我不好；过去没有被认真对待，不是因为我不配。"你需要树立一个新的信念："那些糟糕的经历，不是我的错，不能说明我是一个怎样的人。"改变，往往就发生在"理解"的那一刻。

5 为什么总想为别人的情绪负责?

心理困境5
"我有责任照顾别人的感受"

每个人对"家"的感受都是不一样的,在晓娅的记忆中,"家"是和痛苦、艰难、压抑联结在一起的。

上中学的时候,晓娅的父亲单位效益不好解散了,家里的经济状况随之变得很拮据。父亲没什么学历,也没有特别的手艺,很长时间都没有找到新的工作。内心苦闷的他,开始借酒浇愁,逐渐染上了酗酒的毛病。自那以后,父亲的情绪变得很不稳定,动不动就发脾气,家里的氛围总是很紧张,晓娅置身其中常常觉得透不过气来。

15岁的晓娅,目睹着家里发生的一切,却要装作什么都不知道的样子。她心想:"是不是我努力学习,每次都考第一,父亲就会高兴?他高兴了,家里的问题就能解决了?唉,可惜我的成绩一直都不理想,我太没用了……"

晓娅没有意识到,当她有了这些想法时,她已经在归罪自责了。她想对父亲的失业负责,想对家里拮据的经济状况负责，想对紧张的家庭氛围负责。正是从那时候起，她的负罪感和低价值感开始形成，这使得她在日后的生活中，总是无意识地陷入对别人的事情负责的想法。

现在的晓娅已经工作五六年了，她对工作特别负责，处理重要的任务时，她经常加班加点，生怕出现任何纰漏。虽然老板肯定她的付出，看重她的人品，可她总是被焦虑和压力裹挟着，哪怕只是一点小失误，她也会在自责与痛苦的旋涡中挣扎很久。

责任感，向来被视为一种高尚的品质，它代表着恪守承诺、严谨自律。然而，责任感过强并不是一件好事，它会给个体带来沉重的心理负担。这种现象在心理学上被称为"过度责任感"。在讨好型人格者身上，经常会看到过度责任感的问题：

表现1：当周围的人难过时，自己也感到难过。

表现2：当自己设定一个限制或提出一个偏好时，认为自己需要对别人的反应负责。

表现3：倾向于优先考虑别人的需要，而不是自己的需要。

表现4：经常觉得伴侣或孩子的行为，是对自己个人好坏的反应。

表现5：当关心的人身处痛苦时，有强烈帮助对方解决问

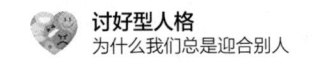

题的冲动。

　　表现6：认为不能阻止伤害的发生与故意伤害是一样的。

　　表现7：工作比其他人更努力。

　　表现8：总是替他人担心，为他人着想。

　　表现9：明明不是自己的错，却为此感到自责。

　　讨好型人格者过分关注他人的需求和期待，害怕失败，更害怕让人失望。所以，他们不允许自己犯错，无论工作还是生活，总是过度付出、过度努力，经常忽视自己的需求和感受，陷入"讨好"的行为模式中。

　　过度责任是一把沉重的枷锁，让人时刻不得放松；过度责任像一把悬着的剑，不知道哪一刻会掉下来，让人惶恐不安。另外，过度责任很容易给人带来羞耻感，一旦无法扛起责任，就会感觉自己软弱无能，切断与内在力量的联结。在这样的状态之下，就很容易被自恋型人格者利用，比如：自恋型的男友说自己很难过、很失望，讨好型人格的女友就会觉得，一定是我做得不好……她对自我的评价会越来越低，最后就被对方实施了精神操控。

6 别人并未求助，你为何要主动帮忙？

心理困境6
"我坐视不理等于伤害他人"

心理学家霍夫曼认为："正常的内疚，是指一个人伤害了他人，或是违反了道德准则，从而产生良心上的反省，并且对行为负有责任的一种负性体验。"

世间不存在完人或圣人，没有谁能保证自己的言行举止完全符合自己订立的标准，哪怕是非常优秀的人，也难免会有意无意地做出冒犯或伤害他人的行为。所以，内疚的感受对我们而言并不陌生，甚至是很熟悉的一种体验。相关研究的统计数据显示：人们每天大约有2小时会感觉轻微的内疚，每月大约有3.5小时会感觉严重内疚。

适当的内疚是健康的，是我们获取责任感的重要方式，提醒我们做一个善良的、对他人有益的人。这种情绪体验犹如一个警报器，倘若我们已经做了或即将做出一些违反个人标准，或会对他人造成伤害的事情，可以及时地对自己的行为进行评估和调整，尽力弥补。

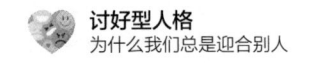

然而，不是所有的内疚都是必要的，也不是所有的内疚都是健康的。

日剧《无法成为野兽的我们》中，30岁的职业女性深海晶，每天早上被老板的连环短信叫醒，一个人干着全小组的事，却连一句感谢和笑脸都换不来；同事完不成的任务，她主动帮忙；同事甩下的锅，她咬牙接盘；新人得罪了客户，她跑去收拾烂摊子，甚至被迫给客户"下跪"，回来却遭新人嘲讽："要我给那种大叔下跪，我可受不了"；被前公司邀约参加联谊会，她颇受欢迎，因为她像服务生一样忙前忙后地照顾着所有人。

看到深海晶的这些行为时，不少观众都吐槽，简直是又气又恨：气她的软弱、讨好、妥协、退让、无底线；恨她自讨苦吃、自取其辱、自作自受！

其实，有很多事情她是完全不用去做的，与她也没有任何关系，同事做错了事、惹怒了客户，他理应为此负责，哪怕最后被公司开除，那也是他应当承受的代价。然而，深海晶却把这些烂摊子全接手了。当客户提出让她下跪的要求时，她竟然也照做了。没有人让深海晶活得这么窝囊，那些原本就不是她负责的工作，为什么她要大包大揽全堆到自己身上呢？

按照正常的逻辑来看，深海晶的做法确实有些荒谬，可是作为一个讨好型人格者，她的做法也是"合情合理"的，只不过符合的是她自己的那一套逻辑："一旦别人因为没有得到我的帮助而遭受惩罚，我就会内疚，都怪我害了他们！"

<u>由他人行为导致的，本来不需要（也不应该）产生的、不适当的内疚，在心理学上叫作"被动内疚"，这是一种不健康的内疚。</u>

讨好型人格者很关注别人的感受，当别人遇到了麻烦事或陷入困境之际，他们会感同身受。此时，如果"拒绝帮助他人"——不主动伸出援手，他们会认为自己"伤害"了对方，从而引发强烈的"内疚"。为了获得心理安慰，降低这种内疚感，老好人就会努力做出一些原本不需要去做的补偿行为，如：给对方买一杯咖啡，帮对方处理"烂摊子"等。

是什么激发了讨好型人格者心中的被动内疚呢？❶

❷ 因素1：长期生活在充满暴力、冲突和争执的环境中

美国精神科医师彼得·布雷根曾在2015年提出过一个观点："内疚"是促进社会合作的机制。他认为，在充满暴力和争执的家庭中长大的人，很容易被激起被动内疚。他们通过内疚让自己退让，显得不那么有攻击性，从而换取家庭关系的和睦。

---

❶ 《别轻易跟人道歉，也别把"对不起"挂在嘴边》，酒鬼，2018年11月21日。

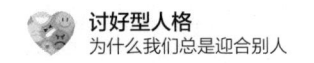

因素2：长期生活在要求严苛、高道德标准的环境中

相关研究显示，人们不仅会因为伤害他人而内疚，那些"想做却没有做的事"也会让人感到内疚。如果一个人生活在家教森严、高道德标准的环境中，他对自我的要求也会十分严苛，动不动就觉得自己"做错了"，很容易产生被动内疚。

讨好型人格者常常觉得自己做得不好，或是为其他人做得不够多，从而产生被动内疚。其实，这并不是事实和真相，而是你太在意别人的感受，且总是过分关注和自己有关的那些负面事件，对自己产生了认知偏差。

回想一下，你会觉得同事、朋友为你付出得不够多吗？如果你没有这样的想法，为什么你会觉得自己为他人做得不够多呢？最大的可能性就是，这种思维模式已经成了你的习惯，让你在遇到类似情境时，不自觉地就这样认为，并做出讨好的举动。

下一次，当你想要对他人做出"补偿行为"之前，不妨给自己10秒钟的时间，扪心自问一下："真的有必要这么做吗？我是真的做错了，还是被动内疚促使我去讨好对方？"当你意识到了被动内疚的存在，你就已经阻断了原来的"自动模式"，这是一个很好的练习，它会让你慢慢建立全新的认知——"既然是别人的问题，我有什么理由要内疚呢！"

7 为什么表达需求让你感到羞耻?

心理困境7
"我是不值得被满足的"

在含蓄内敛的文化底色之下,直白地表达爱意不是一件容易的事,可是对有些人来说,比"我爱你"更难以启齿的是"我需要"。

艾琳和男友交往一年了,在这段亲密关系中,她始终觉得自己在对方面前不够真实和自然,因为她不敢开口向男友提要求。无论是渴望对方送自己一束花,还是想让对方送自己上班,或是想共同品尝一家网红餐厅,她都不敢说出来,怕对方会拒绝自己,会讨厌自己。

Lee的困惑和艾琳差不多,也是不敢表达自己的需要,只不过他暂时单身,这种情况更多地体现在工作关系中。在同事眼里,Lee热情、友善,工作能力也很强,其实Lee过得并不舒服。他一直在超负荷工作,面对工作拖拉、效率低下的组员,他总是忍气吞声,默默地替对方分担;他比其他人做事都尽心，却不敢向老板提出加薪的要求。话虽然没有说出来，可是感受是真实存在的，他经常因为这些事情感到心烦，给自己造成了严重的精神内耗。

无论是艾琳还是Lee，在与他人的关系中都表现出了讨好型人格的特质，他们渴望维持"好人"的形象，不敢向他人表达自己的真实需求，哪怕这种要求是合理的、正当的，或是很小的一件事，他们仍觉得难以启齿。

为什么讨好型人格者不敢向他人提要求呢？究竟是什么困住了他们？心理学家认为，致使个体难以表达需求的原因是复杂的，主要体现在两个方面：

➲ 认知偏差：认为表达需求是"不好"的

如果一个人在成长过程中，总是被灌输这样的理念——"要坚强、要独立、要靠自己、要赢过他人"，他就会建立较为局限的认知，将表达需要视为软弱、无能的表现，即使遇到了麻烦，也会想着自己解决，不好意思向他人开口。

还有一些人受养育模式的影响，不断体验并强化这样一种情感：表达需求是不好的，是不招人喜欢的，会被最重要的人（养育者）讨厌和抛弃。成年之后，他们在其他的人际关系中也延续了这一思维模式，因害怕被嫌恶而不敢提要求。

➡ 习得性无助：有过多次需求被忽视的经历

心理学上有一个现象叫作"习得性无助"，是指一个人经历了失败和挫折后，面对问题时产生的无能为力的心理状态和行为。如果一个人有过多次提出需求而被忽视的经历，他会认为表达自己的需求是没有意义的，不可能得到满足，进而会产生无能为力的心理状态，不再表达自己的需求。

在成长过程中，孩子最初都是可以主动地表达需求的，且不会为此感到羞耻。可是，当这份需求说出来之后，如果面对的是一次次的拒绝、否定或指责，他就会逐渐内化出一个经验："对别人来说，我的需求是不重要的，表达需求会招人讨厌，会被人拒绝。"

来访者琪琪跟我讲述，她小的时候家里经济条件不好，每次学校让交书本费，母亲都会抱怨："整天要钱……"虽然她不是要钱用来满足自己的私欲，可是母亲的态度却让她感觉，自己就是一个"累赘"，自己提出的"需求"给母亲带来了麻烦。所以，她不敢轻易地向别人提要求，甚至不敢花钱满足自己的需求，每次买东西都要先看价格，稍微贵一点的都不舍得买，潜意识里总觉得"不应该"——"我怎么能买这么贵的东西呢？"

没有人生来就是讨好型人格，每一个讨好他人、压抑自我需求的人，都曾有过未被善待的经历。年少的琪琪在向母亲提出需求时，得到的反馈是抱怨和愤怒，这样的体验给她留下了创伤，让她对提出需求感到羞耻，并形成了一个错误的信念：提出需求会给别人带来麻烦，会惹人厌恶，就是因为我不好，我才会经历这样的事，我是一个不配被满足需求的人。

在过往的经验里，作为孩子的你，体验到了不被满足的挫折，它让你渐渐忘记了自己的需求，认为自己不值得被满足。现在，作为成年人的你，完全有能力走出这种心理困境，去满足自己的需求。

你要树立一个全新的认知：我的需求是重要的，有需求不是一件可耻的事，我可以落落大方地提出自己的要求。当你逐渐体验到自己可以提要求，且自己的需求被他人看见并得到回应时，这种持续正向的体验会缓解你对表达需求的恐惧，从而逐步替代原有的负向体验。

在练习表达需求和提要求的过程中，你仍然可能会遭受拒绝，或是得不到想要的结果，但这并不意味着"提要求是错的"，更不意味着"我不值得被满足"，只不过是当下"这个人"无法在"这件事情"上满足你的要求而已。你要接纳结果的多种可能性，以多元的视角去看待自己与环境，同时也可以尝试与对方讨论自己的感受，促进沟通和相互理解。切记，表达"我需要"是为了靠近真实的自己，是对自己和他人的信任，更是建立真实关系的开始。

Part 3 醒醒吧!"好人"只会越当越委屈

——认清"讨好不得好"的真相

以讨好的姿态示人,真的能获得别人的"好"吗?醒醒吧!过度随和、过度付出、一味地迁就他人,创造不出和谐的人际关系,得到的只有他人的轻视。与人相处,不是自己或对方单方面的事,而是两个人之间的事。你的不拒绝、不反驳,看似是为了照顾别人的感受,其实是一种对自我的不尊重。你用什么样的态度对待自己,决定了别人用什么样的态度对待你。

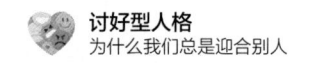

1　忍一时风平浪静，退一步海阔天空？

🔍 真相1
忍让没有限度，别人就会肆无忌惮

在成长的过程中，父母总是提醒扬帆："人生在世，要与人为善，懂得退让。忍一时风平浪静，退一步海阔天空。"这些话印刻在扬帆的心里，她也顺利长成了一个性格温和、容易相处的人，极少与人发生矛盾。

不发脾气不代表没有脾气，实际上，扬帆经常极力地压制自己的脾气，为的是呈现出一种平静温和的形象。这种感觉并不舒服，甚至有时让她感到迷茫。遇到一些说话没分寸的人，她内心特别愤怒，却又不愿给人留下"暴脾气"和"没教养"的印象，就只好强忍着，装出一副从容的样子，把所有的惊涛骇浪都压在自己心底。

也许，扬帆的父母说那番话的本意是想强调，不能什么事情都斤斤计较，那样活得太辛苦，也难以和他人融洽相处。遗憾的是，在传递这一理念的同时，他们并没有告诉扬帆，隐忍和退让的限度在哪里，什么情况下需要退让，什么情况下无须忍耐。少了这样的解释，杨帆只记得遇事要忍让，总想着委曲求全，却不知道善意和隐忍不能免去所有的麻烦，还可能让自己陷入更艰难的处境。

> 杨绛先生有一句话："你有不伤别人的教养，却缺少一种不被别人伤害的气场。若没有人护你周全，就请你以后善良中带点锋芒，为自己保驾护航。"树欲静而风不止，你越想息事宁人，不平静的事越会来招惹你；你越想当一个隐忍的老好人，越被人无止境地侵犯底线。

鸡毛蒜皮的小事，的确没有必要大动干戈，可是保留脾气是应该的，不能什么事都往后退。你要让对方看清楚你的态度，不能做砧板上的鱼肉，任人宰割，毫无抗拒之力。不要总是用扭曲的好人思维麻痹自己，认为自己对别人好，别人就会对自己好；如果你的善良没有锋芒，那你迟早会遍体鳞伤。

有幸读到一位哲人的肺腑之言，他试图让只会隐忍退让的老好人们看清一个事实："我多么愿意别人欣赏我的礼貌，我的大度，可实际上，他们只是享受我的礼貌，甚至奸污我的礼貌。有的人即便你无数次忍让他，也不能停止他的攻击与辱骂，他会越来越猖獗，到后来连我的家人都要连带一起骂。如果我不打断他，他是不会罢休的。"

现实不是一个理想的童话世界，并非所有人都像你一样善良、温和、懂分寸，总有一些人喜欢得寸进尺、变本加厉。没有锋芒的善意，在他们看来就是软弱好欺；没有底线的友好与隐忍，换来的就是肆无忌惮的压榨和索取。

温和友善是你的修养，但别磨掉自己的脾气，不要用勉强和委屈来压抑自己。该退步时宽容大度，该争取时绝不妥协，这份态度的存在是为了提醒和警示他人——"我不是一个人人可捏的软柿子，欺负我是要付出成本和代价的！"

善良是一种选择，而不是一种责任；你可以选择对谁友善，也可以选择不再对谁友善。不要为了一双不合适的鞋子委屈自己的脚，如果你很介意一件事，不妨直接告诉对方；如果你不愿意做一件事，也不必勉强；如果对方的侮辱让你愤怒，就勇敢地谴责和反抗。

作家余华说："当我们凶狠地对待这个世界时，世界突然变得温文尔雅了。"

你没必要表现得多么"凶狠"，只是别把自己规训成一只温顺乖巧的"兔子"。没有任何的攻击性，就意味着人人都可以欺负你；你要做一只有刺、有爪、有獠牙，但又不会轻易伤人的"野兽"。有爪牙才会让人敬畏，能自控才是修养。

2 吃了那么多的亏,你的福气来了吗?

真相2
盲目吃亏,只会有吃不完的亏

古语有云:"吃亏是福。"这句话在生意场上有着不可小觑的价值,它涉及的是一个利人利己的观念。吃亏不是目的,而是一种双赢的策略。

经营人际关系与做生意有相通之处,都需要具备双赢的思想,不能将其视为一种角斗,只顾追逐自己的利益最大化,要让双方保持一个利益的平衡。如果总是锱铢必较,一点点亏都不肯吃,总想成为获利的一方,这种平衡就会被打破,导致关系破裂。

古人说的"吃亏是福",其实是一种利益交换。换句话说,只有在利益交换的前提下,"吃亏"才有可能演变成"福气"。眼前吃一点小亏,可以换取更长远、更丰厚的利益,至于这份福气具体指代的是什么,每个人都有自己的理解。

在现实生活中,许多人并没有真正领悟"吃亏与福气"之间的关系,反而在自身利益平白无故遭受损害时,把这句话搬

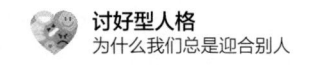

出来作为自我安慰。讨好型人格者经常会犯这样的毛病，他们放任自己吃亏，替别人踩坑、挡祸、背锅……自以为这么做可以带来福气，结果却落得"哑巴吃黄连，有苦说不出"。

C君是某公司的程序员，可他的工作不只是编程，更像是"全能替补"。每次公司推出新项目，全体员工都要迎来一场硬仗，但总有些人做事习惯性拖延。在他们看来，即使自己做不完，也可以找C君来帮忙。当项目截止日期临近时，他们会把目光投向C君，见他的工作进度快完成了，就开始对他说好话，求他帮忙。结果，哪里需要C君，他就去填补空缺。

项目结束后，这些同事会在言语上对C君大加赞赏；要是结果或程序中出了问题，C君就会落得一通埋怨。面对繁重的附加工作，以及同事们不谢反怨的态度，C君虽然觉得委屈，却也很会自我安慰："反正都是公司的事情，多劳多得，积累经验。"

有一次，C君在帮某位同事处理工作时，犯了一个重大的错误。原本，做完自己的分内事就已经很累了，在精力、体力不足的情况下执行高强度的任务，自然很容易出问题。同事巧妙地把责任推卸了，C君竟也默默接受了，被领导狠狠地处罚了一通。

这件事发生后不久，公司的资金链出了问题，裁员不可避免。C君来公司只有一年的时间，算不上老员工，虽然工作上勤勤恳恳，也乐于助人，但他在本职工作上并没有突出的表现。最终，公司没有留下"干活最多"的C君。

在办公室收拾东西时，以往得到C君不少帮助的同事们，并没有表现出不舍，他们仍旧忙着自己手里的事，只是流于形式地说了一句："你这么年轻，不愁找不到好去处。"这样的情景，让C君既心酸，又心寒。他忍不住质问："都说吃亏是福，我平时吃了那么多的亏，为什么最后吃大亏的还是我？"

C君的遭遇着实有些可怜，但这份可怜的背后多少也有点"咎由自取"，不能全怪他人。工作拖拉的同事，总想把自己的事情丢给C君，C君完全可以不接受这些请求。同事之间的关系是平等的，大家都是芸芸众生中的普通人，没有那么多时间和精力。尽心尽力做好自己的事是本分，在有条件的情况下助人一把是美德，不接受附加的分外事也是合乎情理的。大家都是各凭本事吃饭，谈不上谁亏欠谁。退一步说，即使是给同事提供帮助，也当让对方仔细进行检查、核实，不要平白无故背上一份沉重的责任，最后落一个费力不讨好。

无关紧要的小事上糊涂一点，不会有什么大损失，也能彰显格局和气度；生意场上主动让出一部分利益，是一种双赢策略，可以换取更长久的合作。如果不分轻重，什么亏都吃，被人坑了默默忍受，买了假冒商品不求索赔，那不是胸襟宽广，而是软弱无能。

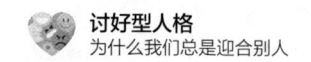

> 讨好型人格
> 为什么我们总是迎合别人

3 为他付出那么多,他为何要这样待我?

真相3
一味地迁就,换不来爱与尊重

见过诺诺的人,多半会用"温柔"来形容她。她说话细声细气,也很善解人意。

读大四的时候,比诺诺小一届的男生W对她展开了热烈的追求。W是一个艺术生,骨子里充满了浪漫的情怀,从未恋爱过的诺诺,被他的气质和举止打动了。

很快,诺诺大学毕业了,并找到了一份薪资待遇还不错的工作。在和W的相处中,她主动承担起了生活费和日常花销,还经常给W买各种衣物。最初,W很感谢诺诺的付出,声称毕业后一定努力找工作,和她一起奔赴未来。有了W的承诺,诺诺更加愿意无条件地付出了,不仅在金钱上支持W,还在W学校附近租了一间公寓,白天她去上班,给W留出一个独处的空间,让他安心创作。

W渐渐习惯了诺诺对自己的付出,有什么想法也会跟诺诺说。有时,W提出的需求会给诺诺带来一些经济压力,但她不忍拒绝，都会尽量满足他。W毕业后，尝试过去找工作，但因为生性不喜拘束，他还是决定做一名自由的插画师。

诺诺每天朝九晚五地上班，W在家创作。有时，W也会跟朋友出去玩，但从来没有带上诺诺，周围人也不知道他有女朋友。诺诺的父母知道她有男友，一直想见见W，可W总是找借口回避。诺诺心里很别扭，但并未在W面前表现出任何不满，每次都是默默接受了W的理由，虽然那些借口她自己并不相信。

不久之后，留校任职的一位同学告诉诺诺，W在学校里认识了一个音乐系的女孩，两个人经常见面，关系似乎不同寻常。诺诺陷入了痛苦的挣扎中，内心涌动着复杂的情绪：一方面，她想向W要一个说法，却不知道怎么开口和W谈论这件事，怕对方指责自己胡思乱想；另一方面，她又很愤怒，很不甘心，"为W付出那么多，他为什么要这样待自己？"

这样的情景总是络绎不绝地在生活中上演，情感关系中的"老好人"为朋友、为爱人倾尽全力地付出，结果却并没有换得对方的珍惜，他们也会发出像诺诺一样的质问：

"我对他那么好，为什么他还是离开了我？"

"我对朋友从来都是有求必应，为什么我遇难时，没有一个人出来帮我？"

"我想不明白，为什么善良的人总是被人欺负。"

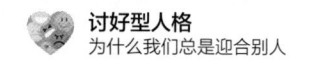

真的是人心凉薄,善良的人总被辜负吗?

我们不能否认"老好人"在关系中的付出,但也有必要从另一个角度重新审视这个问题。在"老好人"的认知中,付出和迁就象征着善良和爱。他们自认为,只要真诚待人,不吝奉献,就一定能够换得别人真心。所以,即使是牺牲自己的一些利益,也在所不惜。

这是一种严重的认知偏差。当一个人只知道付出和迁就他人时,就不可能再成为自己了,他的生活会被别人的期待和要求填满。如果将这种善良给了那些只知道索取的人,换来的不是同等的善待与关爱,而是无情的践踏与伤害。

在诺诺与男友W交往的过程中,她已经不知不觉把对方视为全部,甘愿委屈自己去满足对方的需求,完全不考虑自己的感受。这种姿态原本是一种讨好,可随着时间的推移,诺诺和W却把它当成了习惯——诺诺过度付出,W欣然接受。久而久之,W不再对诺诺心存感激,甚至会觉得她很烦。

蔡康永说过一句话:"容忍会导致我们不被在意,不在意会使我们失去活着的滋味。"在任何一段关系中,如果总是习惯性地付出和迁就,总是无限制地容忍和牺牲,那么就会失去自我,变得不被重视。一个没有自我的人,谈何吸引力呢?

女作家玛格丽特·米切尔,生来就有一种反叛的气质。成年后的她,因为一时冲动,嫁给了酒商厄普肖,可惜这段婚姻不久便以失败告终。与其说是厄普肖冷酷无情、酗酒成性毁了这段婚姻，不如说是玛格丽特的爱情观的缺陷。她太迷恋厄普肖了，简直就是一副仰天膜拜的姿态，如此卑微的爱，助长了厄普肖的狂放不羁，他对玛格丽特越来越不在乎。

这场失败的婚姻，让玛格丽特明白了平等与尊重在婚姻中的重要性。

玛格丽特没有消沉和颓废，振作起来之后，她又遇到了记者约翰·马什，并与之结婚。她打破了当时的惯例，在门牌上写下了两个人的名字。她说："我要告诉所有人，里面住着的是两个主人，他们是完全平等的。"她坚决不从夫姓，让守旧的亚特兰大社交界大为惊讶。

约翰·马什也提倡夫妻之间的平等，他一直支持和深爱玛格丽特，在他的鼓励和支持下，玛格丽特开始从事她所喜欢的写作。十年之后，《飘》正式出版，她一夜成名。

一段健康的关系，应当建立在平等与尊重的基础上，不要因爱失去自我，也不要因恐惧而过度迁就对方。保持独立的自我，学会适当地拒绝，远比一味地讨好更能让对方明白该如何正确地对待你。

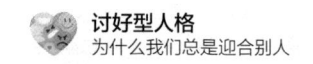

4 把委屈留给自己，就能相安无事吗？

真相4
压抑的情绪会变成隐形攻击

讨好型人格者经常会陷入纠结的处境，比如：面对他人的诚恳邀请，明明很想拒绝，为了维护自身的形象，维持和和气气的氛围，只得违心地把"不"字咽进肚子里。他们自以为，委屈一下自己就能相安无事，却没有意识到，这些委屈最终会埋藏在心里，酝酿成自我冲突。

赵小姐和同事小野关系很好，两个人年龄差不多，兴趣爱好也相仿，经常一起相约吃饭、逛街和游玩。她们同在市场部工作，小野销售业绩突出，很受领导赏识，前段时间被提拔为销售二组的负责人。为了庆祝晋升，小野准备邀请几个朋友到家里聚餐，其中也包括赵小姐。

看到小野晋升，赵小姐真心为她感到高兴，也很想参加这个聚会。可是，当她得知聚会被安排在周五晚上时，赵小姐有点儿迟疑了。那天晚上，刚好有一场她特别喜欢的音乐剧，错过这场的话，之后就不知道什么时候才有机会了。去年，她因为在外地出差没能去看演出，这次机会难得，她不想再错过了。

赵小姐很想向小野说明实情，还没来得及开口，小野就先向她发出了邀请："赵，你晚上陪我一起去买食材吧？帮我想想，都要准备哪些东西？对了，我特意准备了一瓶好酒，就是上次你说特别想尝的那款，我给你备好啦！"

小野的热情和真诚，让赵小姐觉得很感动，她实在不想扫小野的兴，话到嘴边又硬生生地咽了下去。她还想到，要是自己不参加聚会，小野会不会觉得自己对她的晋升有想法？会不会影响两人的关系呢？思前想后，赵小姐还是决定赴约，放弃那场心仪的音乐剧。

聚会的那天晚上，大家玩得都很开心，可赵小姐却一直处于游离的状态，并没有沉浸在现场的热闹中。小野是一个特别心细的人，加之她和赵小姐很熟，自然看出了赵小姐的心不在焉和强颜欢笑，她忍不住想：她是不是对我的晋升有什么想法？

聚会结束后，朋友们陆续离开，小野主动开口问赵小姐："我看你今天不是很高兴，有什么想法你可以直接跟我说，我不希望咱们之间有什么误会。"赵小姐解释说，真的没什么事，可能是这周的工作有点儿累。小野觉得这个理由很牵强，但也没再继续追问。

这件事之后，赵小姐和小野之间的关系发生了微妙的变化。

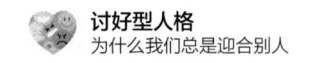

赵小姐觉得很委屈，而小野却认为赵小姐那天的情绪低落"没那么简单"。任何关系一旦掺入了猜疑，自然就会生出嫌隙，一段原本美好的情谊，就因为误解被彻底割裂了。

其实，赵小姐完全可以直接告诉小野自己的为难之处，送上一份小礼物表示祝贺，让对方了解自己的心意。可是，这个不愿辜负他人美意的"老好人"，却选择了违心参加聚会。她以为这么做就可以避免冲突，却全然忘了自己也是一个有血有肉、会痛会痒的人。谁能够做到违心应承一件事，还没有任何情绪呢？

<u>当一个人与真实的自己背道而驰，逼着自己长期戴上"讨好"的面具，去迎合周围的人，做自己不喜欢的事时，就会陷入"表面美好"与"内在拧巴"的冲突中。</u>

人是难以欺骗自己的，那些没有说出口的委屈不会消失，相反它们会不时地搅乱内心的安宁。要知道，负面情绪是一种能量，它会散发出磁场，让身边的人察觉到异样。违心出席聚会的赵小姐，虽然没有明确说明自己的真实想法，可她的情绪状态早已将她出卖——无法全身心地投入热烈的氛围中，内心总是忍不住责备自己——"我真是没用，连这点事情都不好意思开口。"敏感的小野接收到了赵小姐发出的无声信号，并产生了负面的联想，结果两个人之间真的产生了误会。

<u>压抑和隐忍不能换来风平浪静，那些没有被直接表达出来的情绪会转化为隐形攻击，即用消极的、恶劣的、隐蔽的方式</u>

发泄负面情绪，以此来攻击令自己不满的人或事。

隐形攻击是一种不成熟的自我防御，讨好型人格者无法用恰当的、有益的方式表达自己的负面情感体验，内心明明积压了许多不满和怨恨，却不愿坦坦荡荡、落落大方地说出来，而是采取只有自己才清楚的、将事情越弄越糟的隐蔽方式，来获取心理上的平衡。

这样的行为模式解决不了问题，它没办法让别人真正地了解你的真实感受，之后可能还会继续以同样的方式对待你。从某种意义上来说，隐形攻击比直截了当地表达不满，更容易破坏人际关系。

讨好型人格
为什么我们总是迎合别人

5 能做的都做了,他们还是不喜欢我?

真相5
你不可能让所有人都喜欢你

"能做的我都做了,为什么他们还是不喜欢我?"说这句话时,嘉朗露出一脸的无辜。为了和周围人搞好关系,他做了很多努力,可结果却并未如他所愿。

部门里的主管很没担当,出了纰漏只会把责任推到下属身上。嘉朗刚入职半年,前前后后就替主管背了三次黑锅,每一次都是"哑巴吃黄连,有苦说不出"。他不敢表现出愤怒和不满,还对主管笑脸相迎,主管也习惯性地把他当作"挡箭牌"。

财务部的会计待人很冷,除公事以外,一个字都不会多说。嘉朗不清楚会计的脾气,还以为她不喜欢自己,为此懊恼不已。每次去找会计报销时,嘉朗会刻意带上一点小零食,见对方客气地收下,他才觉得心安。

有时,同事会因为工作的事情抱怨嘉朗两句,每次遇到这种情况,他都会自责不已,也很担心对方讨厌自己。于是,他就会千方百计地跟对方套近乎，邀约下班一起吃饭，或是安排其他活动。每次散场各奔东西后，他都会嘲笑自己，可下次还会如此。

嘉朗习惯对每个人都微笑，花了很多心思迎合他人，他希望能够被周围人接纳和喜欢。然而，在上司眼里，他是一个没主见的下属，重要的事情从来不会交给他，因为信不过；在同事眼里，他是一个"好说话"的人，细碎烦琐的事务全都甩给他，知道他不会推辞；暗恋多年的女孩，不仅拒绝了他的追求，还狠狠地戳了他的痛处："对不起，我无法接受一个时刻都在讨好别人的男人，你本来也不差，但你这种姿态让你显得很卑微。"

嘉朗的"辛苦"和"痛苦"，都是源于那份卑微的姿态。他总在迎合讨好，误以为依靠付出和牺牲就可以换来他人的好感，然而别人却连最起码的尊重都没有给他。

人际关系原本就是千缠百裹、说不清道不明的事，摆出一副讨好的姿态，往往会把简单的问题复杂化。既要揣摩这个，又要拉拢那个，有人喜欢吃荤，有人喜欢吃素，周旋在这些人中间，如履薄冰、战战兢兢，试问一个人有多少精力，可以兼顾这么多的人、这么多的事？

讨好型人格者要明晰一个真相：就算你很努力，做得很妥帖，也无法让所有人都喜欢你。与其如此，倒不如放开束缚自己的羁绊，率直潇洒地活着。当然了，做真实的自己是有代价

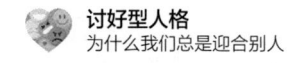

的，那就是会被人讨厌。

没有人希望被人讨厌，或是故意招人讨厌，这是人的本能倾向。可生活不可能尽如人意，我们很难在自由地成为自己和满足他人的期待之间实现完美的平衡。更多的时候，我们需要认真思考，并作出抉择。如果只图他人的认可，就得按照别人的期待生活，舍弃真正的自我；如果要行使自由，就得有不畏惧被讨厌的勇气。

你可能也想过：为什么有些人不怕被讨厌？哪怕是挨了白眼、遭到反对，也能够坚定自己的选择？答案很简单，他们知道"不想被讨厌"是自己的事，"是否被讨厌"是别人的事。

这是讨好型人格者最需要学习的，在自己的事和他人的事之间划清界限——"虽然我不想被人讨厌，但即使被人讨厌也能接受。"当你有了这样的勇气时，才能在人际关系中变得轻松和自由，不再取悦和讨好。

6 只有一次没做好,就被当成了"恶人"?

真相6
好事做多了,别人就习以为常了

女孩出嫁之前,妈妈给了她一句忠告:"到了婆家,不要一直做好事。"

女孩听后,百思不得其解。妈妈平日里说话做事很理性,偶尔也透着一股精明,但三观一向是很正的。而今,怎么说了这样一句话呢?在婚嫁典礼上,不都强调"孝敬父母"吗?

人生的弯路,有时是不得不走的。婚后一年,女儿方才领悟妈妈的教诲:在婆家一直做好事,婆家会认为这个媳妇生来如此,慢慢地就把这些好视为理所当然,还可能会变本加厉!

也许,这位妈妈只是作为"过来人",向女儿传授自己的生活经验。其实,她说的这番话是有科学依据的,它蕴含着边际效益递减的规律。

什么是边际效益递减呢?简单来说,就是投入成本与收益增加之间不一定是对等的。当投入超过某一限度时,增加的收益就会递减，生产要素的投入和效益之间不成正比例关系。

想要农作物长得好，肯定少不了浇灌施肥。随着肥料的增加，农产品的产量先是递增的，但是达到一定浓度后，再增加肥料，农产品的产量就会递减。这就是农民们常说的："化肥上太多，就把农作物烧死了。"

一个人饥寒交迫的时候，你给他一个包子，他觉得简直到了天堂；吃第二个包子时，还是觉得很幸福；到了第三个、第四个时，幸福感就慢慢减弱了；等到了第十个包子，你再让他吃，他可能会觉得恶心反胃，怎么都咽不下去。

边际效益递减规律，既适用于经营管理，也适用于人际关系。人与人之间交往需要互惠，但你不能用有限的精力去填补他人无限的欲望，不能试图用尽善尽美的方式去增进关系。当你为他人做得太多了，对方就会习以为常，失去最初的那份感动和感激；更可怕的是，之后你哪怕只有一处做得不好，都会惹得对方不满，遭到指责和埋怨。

说起L先生，亲朋好友都会说："他这个人特别好……"
确实，L先生除了自己的生活，还负担着各种人的各种生活：朋友生活上遇到困难时会找他，同事工作干不完的时候会找他，亲戚搬家需要帮手的时候会找他，同学急需用钱的时候会找他，邻居没时间照顾花草宠物的时候也会找他，而他一概不拒。

　　L先生累不累？当然累，可是再累，他也不好意思回绝，总觉得那样做会驳对方的面子。他自认为这番热情与善良，肯定会被他人铭记在心。可是，不久前的一次经历，却让L先生陷入了郁闷与沉思之中。

　　L先生因为工作很忙，没有答应楼下的邻居帮忙照看宠物。过去，他都没有回绝过，这次是特殊情况。邻居似乎并不这样认为，一脸的不高兴。没过几天就听到闲话传出："以前总说远亲不如近邻，现在这个社会的人，越来越冷漠。"L先生一肚子委屈，却无处倾诉。

　　委屈的不只是热心的L先生，还有勤快的主妇林涵。

　　林涵生性温柔，脾气好，又做得一手好菜，丈夫的同事朋友都喜欢到她家来做客。每次有人来，林涵也都是热心招待，准备一桌子饭菜。饭后，客人们打牌、聊天，她在厨房默默地收拾一堆碗筷。待客人走后，她还要整理打扫脏乱的客厅，着实不轻松。

　　每次家里来客人，林涵几乎就没有闲着的工夫，但她从来没有抱怨过什么，别人也就认为她不介意。唯独有一次，林涵身体不太舒服，家里又来了客人，她没有起身招呼客人，也没有像往常一样准备餐点。结果，大家扫兴而归。

　　临走时，林涵听见一位友人的妻子小声嘀咕："是不是不愿意咱们到家里来呀？躲在房间里不出来……咱们以后还是少来吧！"听到这样的议论，林涵的心里别提多委屈了。

这些年，她极力维护一个"贤惠"的形象，希望每个到家里来的客人都高兴，一声辛苦也没抱怨过。如今，自己真的生病难受，却被人认为是装病，连一句嘘寒问暖都没有，实在令人心寒。

待别人适度的好，对方会感激你，会回报你；待别人太好，若某一次达不到原来的标准，就会引起对方的不满。这种情形，用我们通俗的话来说，就是把对方给"惯坏了"。曾有人说："好人都是被架上去的，一旦架上去就下不来了，所以就只能一直当好人。"

一直当"好人"，只要有一次不当，就会变成"恶人"。你可以对他人好，但这份好不能是无偿的，要学会"标价"。这种标价不是向对方索取费用，而是用行动告诉对方，你的好来之不易，这样对方才会珍惜。

7 为什么"老好人"总是遭伴侣嫌恶?

真相7
你总想做好人,别人就得做坏人

在一些家庭伦理剧中,我们经常会看到这样的人物设定:丈夫随和友善,甚至还有一点与世无争的味道,很少发表自己的意见,多数情况下都是应声附和。妻子斤斤计较,争强好胜,一点儿都不通情达理,总是一副咄咄逼人、凶神恶煞的样子。

当这个家庭受到外界的不合理攻击时,丈夫为了息事宁人、避免争端,总是惦记着退让,哪怕是可以争取到的利益,也可能拱手让出。妻子看不下去,就会指责丈夫胆小、怯懦、窝囊,不能为这个家遮风挡雨。

无奈之下,妻子就只好抛头露面,独自去应对外界的攻击,维护自家的利益。为此,妻子总是得罪人,被迫背上"泼妇""悍妇""霸道"的骂名;相反,丈夫却因为从来不出头,总是说好话,而获得周围人的一致好评。

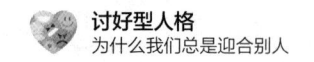

其实，这样的情形不只存在于荧幕故事中，生活里有不少的女性来访者也处在类似的境遇中，她们往往都是带着一肚子的委屈来到咨询室的。

来访者H说，她很努力地维护家庭利益，不惜跟外人翻脸、抗争，但丈夫从来不感激她，还在外人面前"装好人"。结果，所有人都把怨气和不满指向了她。

丈夫在家很少做家务，也很少参与大事小情的决策，有什么事情想找他商量一下，他就会说："你看着办吧""你做主就行了！"外人听了这些话，会夸赞这个男人脾气好，给妻子足够的尊重。可是，H心里最清楚，丈夫是懒得动脑子，不想费心思。

H心里有很多委屈，而这些委屈又无法向外人讲，因为在外人眼里，她的丈夫是一个"好人"；他们只会半开玩笑地劝慰H："你呀，就是不知足""不要鸡蛋里挑骨头了""这么好的人多难得呀！"

为了息事宁人，丈夫一直当"好人"；为了家庭的利益，H只能被迫当"坏人"。最终，丈夫赢得了外人的好评，H落了一身的骂名。当别人都说丈夫"好"时，H感受到的却只有嫌恶——"你"总想做"好人"，"我"就只能做"坏人"，都去做"好人"的话，这日子还怎么过下去呢？

在婚姻生活中，"老好人"经常会遭到伴侣的嫌恶，因为他们把"好"的一面留给了外人，把困扰和伤害留给了家人。他们缺少边界感，更缺少家庭责任感，只顾着维系自己的"好人"形象，却不曾意识到，自己的行为让另一半被迫成了"坏人"。

<u>站在伴侣的角度来看，当一个"滥好人"意味着，你根本没有把自己的家人放在心上。你确实是一个"好人"，但绝对不是一个"好的爱人"，因为你不懂得利益权衡。</u>

如果你是这样的"老好人"，如果你还在意身边的爱人，那么请别再以自我为中心，陶醉在他人对自己的好评里，无限放大自己所谓的"优点"；你应当站在另一半的角度重新审视自己的行为，反思自己为了公众评价中的"美誉"牺牲了多少家庭利益。

婚姻存在的意义，是两个人共同进步、相互取暖，不是找一个人给自己添堵。不要把他人对自己的评价挪到婚姻里，邻友相处与夫妻相处是毫无瓜葛的两种模式。如果你不断透支情感账户，最终的结果就是把彼此之间的美好与信任掏空，让这段关系彻底干涸。

Part 4 没有界限的关系是一场灾难

——设立边界是对自我的尊重

关系是人的一面镜子，人也是关系的一面镜子。那些令人感到痛苦的关系，往往都潜藏着界限的问题，而许多讨好者从来没有意识到这一点，总是被情义与道德绑架。想要摆脱讨好与迎合，先得学会设立边界。正如心理学家埃内斯特·哈曼特所说："如果自我是一座古堡，那么心理边界强度便是古堡外的一圈护城河。当然，护城河的宽度由自己决定。"

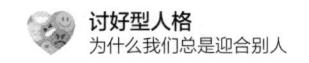

1 为什么一定要设立心理边界?

重塑认知1
有心理边界,才能保护自己

很多时候,讨好型人格者不知道如何维护自己的权益,不敢表达自己的需求;他们害怕让别人失望,也不愿意冒犯他人,总是退让、迎合、讨好,忽略自己的个性和价值观,难以开口说"不"。结果,把自己弄得很沮丧、很疲惫,还被人轻视和欺负。

想摆脱这样的窘境,讨好型人格者要做的第一件事就是"设立边界"。我们经常会听到"边界"这个词语,到底何谓边界?从心理学上来说,设立边界有着怎样的意义呢?

边界是空间的分隔物,可以用来分隔物理空间,也可以用来界定自己和他人的情绪和价值观,指明在某些情况下自己可以接受的事物,以及自己希望以怎样的方式被他人对待。

边界对每个人来说都很重要,对讨好型人格者而言更是如此。如果没有边界意识,为了被他人接纳和喜欢,就会不断迎合、讨好,很容易失去底线和自我。如果一开始就设定各种界限，就能明确知道自己可以做什么、不可以做什么，能为他人做什么、不能为他人做什么。

概括来说，边界的心理学意义体现在以下四个方面：

➲ 明确"我"是独立的、自主的，不是他人的附属品

边界的第一个作用是区分不同的事物，从心理学角度诠释，就是区分"我"是一个独立的、自主的个体，而不是他人（父母或配偶）的附属品。这种区分的意义在于，强调了自我认同感，明确了自己的责任范围与非责任范围。

当一个人有清晰的边界意识时，他会清楚地知道自己是什么样的人，清楚自己的喜好、需求和价值观，会按照自己的意愿做出选择。反之，没有清晰的边界意识，就会变得"不分彼此"，把满足他人的期待当成自己的责任，不敢表现出自己的真实想法和感受，甚至会把真实的自我隐藏起来，任由他人来定义自己是什么样的人。

➲ 告知"我"希望以怎样的方式被对待，避免情感伤害

边界的第二个作用是设定限制，清楚地知道"哪些事情是我可以接受的""哪些事情是我不可以接受的"，以此来指导自己的决策和行为；同时，也告知他人"我希望得到怎样的对待"，避免自己遭受情感伤害。

绝大多数情况下，讨好型人格者面临的不是身体的危险，而是情感的危险。这些问题虽不涉及生命，但给人带来的痛苦

却是真实的。如果你发现自己经常受欺负，遭到别人的贬低，为没有做过的事情受到指责，被轻视或羞辱，无论做出这些行为的人是谁，他都给你造成了情感伤害。如果你事先设定了边界，当这些情形出现时，你就会意识到自己的情感安全受到的威胁，从而制止对方的行为，保护自己免受伤害。

➡ 确保"我"把时间精力用在最重要的地方，减少精力耗损

讨好型人格者经常把自己搞得很疲惫，原因就是他们习惯过度付出、过度承诺、被他人利用，总把时间和精力耗费在别人的事情上，忽略了自己的要事。

每个人的时间、精力都是有限的，即使你有助人之心，也无力应承别人的一切要求。边界的存在会提醒你，要对有限的资源进行合理分配，明确什么时候可以对他人的请求说"是"，什么时候要不假思索地拒绝，以确保把时间、精力和金钱投注在最重要的事情上，避免过度操劳，或是做出与自身价值观、优先等级相悖的事。

➡ 教会"我"做出有益身心的选择，提升自尊与自信

边界是一种自我管理的工具，让"老好人"远离那些有损身心健康的人和事；边界也是一种自我珍视的象征，让"老好人"坚定地说出自己的想法、感受和需求，捍卫自己的立场，拒绝被他人利用和亏待。

边界是对自我的一种关爱，它会让你知道哪些事情对自己身心有益，哪些行为会有损身心健康，从而做出善待自己的选择。你不会强迫自己和那些消耗自己的人来往，也不会为了帮助同事完成任务而加班熬夜，你清楚地知道自己是怎样的人，自己看重的是什么。当你学会善待自己时，你的自尊和自信都会得到提升，你会看见自己的价值，肯定自己的权利和需求，不会为关爱自我而感到内疚。

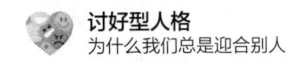

2 设立边界会不会破坏人际关系?

重塑认知2
消除对边界的误解

对讨好型人格者来说,设立边界是一项巨大的挑战,甚至有些人一提到设立边界,就会感到惴惴不安。在他们看来,边界是很苛刻的,就像是一条不可碰触的红线,把这条线赤裸裸地呈现在他人面前,肯定会引发人际冲突,这是他们最不愿意看到的情形。

不得不说,这是对设立边界缺少正确认识的表现。

➡ 设立边界≠强迫对方改变行为

很多人误以为,设定边界就是为了迫使对方服从某种规则,让对方改变自己的行为。如果对方不按照自己说的做,就要付出代价。按照这一逻辑来看,边界变成了一个"易燃易爆"的事物,即使你说的话很有道理,但没有人愿意被人强求,他们会认为这是一种傲慢和无理,也是一种威胁,会产生本能的反感。

● 设立边界≠控制别人

讨好型人格者要认识到一个事实：设立边界，不是为了控制别人，而是为了照顾自己。你不能左右他人的言行，但可以控制自己的选择，让他人知道自己的底线——可以接受什么，不可以接受什么。这样的做法体现了对自己和他人的尊重，也可以减少彼此之间的误解，让相处变得更轻松。如果不设立边界，总是违心迎合，就会积压许多怨怼和愤怒，而这些负面的能量又会以其他的方式表现出来，对自己和人际关系的伤害更严重。

● 设立边界≠自私

设立边界是对自我的照顾与保护，与自私是截然不同的。自私，意味着凡事只考虑自己，不惜损害他人的利益；健康的边界，意味着既考虑他人的处境，也考虑自己的感受，做决定之前会进行全面的思考与权衡。如果完全忽略自己，忘我地为他人付出，最终会让自己精疲力竭。只有照顾好自己，才能更好地照顾他人，特别是在亲密关系和亲子关系中，如果爱是拼命地掏空自己，那样的爱会很沉重、很痛苦；如果爱是先斟满自己的杯子，它就是自然而然地溢出，是幸福的、快乐的、温柔的。

● 设立边界≠死板

讨好型人格者害怕设立边界，是因为他们把边界视为一圈

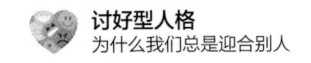

高墙，虽然它有保护作用，却也将自己和他人进行了分隔。其实，健康的边界并不是死板的、固定的围墙，它是灵活的、可调整的，就像一扇可以开关的大门，你有权决定让谁进来，也有权决定把谁挡在门外。

总之，设立边界不是自私，也不是强人所难。人际关系犹如一个天秤，左边是自己的个性与观点，右边是他人的个性与观点，设立边界是为了维持关系的平衡；而且，边界不是固定的，不同的人际关系需要设定不同的界限，这些内容我们会在后续的章节中逐一详谈。

3 你有辛辛苦苦把爸妈拉扯大吗?

重塑认知3
夺回自己做孩子的权利

晓敏是人们常说的那种"别人家的孩子",她生活在一个单亲家庭,从小跟随妈妈一起生活。在学习方面,她从来不用妈妈操心,成绩一直很好;从7岁开始,晓敏就自己洗衣服、收拾房间,还学会了用洗衣机、微波炉,帮妈妈做家务;晓敏一直苦练小提琴,妈妈对她抱有很大的期望,希望她可以替自己完成年轻时的音乐梦。

晓敏对妈妈的感情很复杂,一方面觉得她很不容易,独自带着自己生活;另一方面也觉得妈妈很挑剔、很情绪化,总是让自己关心她,考虑她的感受,满足她的期待。如果晓敏做得不够好,妈妈就会表现出很受伤、很失望的样子,让晓敏心生愧疚,觉得对不起她。

说起童年,晓敏没有太多的印象,她觉得自己好像从来没有当过"小孩",也没有体会过那种被呵护、被宠爱、被照顾的感觉。更多的时候,是她在照顾妈妈,努力迎合妈妈的期

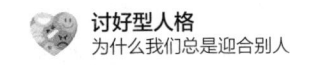

待，满足妈妈的需求，换得妈妈的关注和喜爱。

现在，晓敏已经30岁了，可她仍然和妈妈住在同一屋檐下。她想过要搬出去独自生活，可是她不放心妈妈，怕妈妈难过、孤独，这些年她已经习惯了扮演照顾者的角色。晓敏很纠结，既想过属于自己的人生，又被难以割舍的亲情牵绊着。

无论是彼时年幼的晓敏，还是此时已到而立之年的她，都面临着同一个处境：作为女儿的她，没有被妈妈照顾和关爱，而是反过来要牺牲自己的感受，去照顾、安抚和满足妈妈的需求，这样的关系在心理学上被称为"亲职化"。

亲职化，是指父母与孩子之间的角色发生颠倒，父母放弃了他们身为父母本该承担的责任，而将这种责任转移到孩子身上。

亲职化主要有两种形态，一种是功能上的亲职化，即孩子过早地参与到做饭、打扫等家务中去，或是独自照料自己的身体需求，如独自看医生等；另一种是情绪上的亲职化，即成为父母的知己、顾问、情感照料者或家庭调解人。

许多讨好型人格者都曾生活在亲职化的家庭关系中，为了满足父母的需求，忽略或牺牲个人对舒适、关注和引导的需求，将自己童真的一面封存起来。他们知道，在父母面前展现出脆弱的孩童本身，渴望被照顾、被关注，往往会陷入失望。为了避免受挫，他们主动隐藏自己的需求，克制自己的情绪感受。可是，无论表现得多么成熟、多么理性，孩子终究是孩子。所有的孩子天生都是无助的、脆弱的，需要看护者的陪伴和支持才有力量去面对未知的、有风险的世界。当没有人可依靠、可仰仗的时候，就陷入了缺乏安全感的状态。

亲职化的关系不只是剥夺了孩子的童年，它的影响是长期且深远的：

芭比来自一个五口之家，父亲经常酗酒且有反社会倾向，母亲懦弱无主见，哥哥高中辍学，妹妹嗷嗷待哺。

很小的时候，芭比就知道自己的家庭和别人"不一样"，她也为此感到羞耻。为了修复家庭的形象，她在学校尽力做一个好学生，在家帮母亲做家务、照顾妹妹、做饭，可谓这个家庭仅有的一份荣光。

然而，就是这个乖巧懂事的女孩，大学毕业后却出现了人格分裂的症状。她像是被激活了沉睡多年的另一个人格，放荡不羁地与各种不同的人约会，并开始酗酒、滥用药物，直到遇见她现在的丈夫乔治，这种混乱的生活才告一段落。后来，芭比又接受了长达数年的心理治疗，才将童年时期的创伤慢慢治愈。

不是每一个亲职化的孩子都会像芭比一样出现严重的心理问题，可他们多半会存在下面的这些问题：

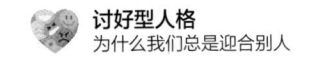

➡ 情绪反应十分敏感

亲职化关系最持久、最困扰人的影响之一，就是子女在成年后情绪会变得十分敏感，很容易被他人的负面情绪传染，将其内化到自己心中，沉浸在这种情绪里难以自拔。他们会时刻关注和琢磨别人的感受，别人心情不好时，他们也会感到不舒服，且很多时候需要获得他人的好感和认同，有讨好他人的倾向。

➡ 产生过度的责任感

孩子无法治愈父母的痛苦，这是一个客观事实，但孩子会把它视为自己的责任，认为是自己做得不好。这种错误的认知容易让孩子形成讨好型人格，他们总是高度共情别人，极度忽视自己，对自己的真实需求感到羞耻，内心有强烈的不配得感；在亲密关系中，他们很容易付出过多，在事情没能朝着好的方向发展时自责，还会吸引一些索求过度的伴侣。

➡ 难以建立依恋关系

在亲职化家庭关系中长大的孩子，从小很少依赖父母，成年后也难和朋友、伴侣、孩子建立良好的依恋关系，他们不愿承认自己有依赖他人的需要。在人际交往中，他们常常会让他人产生错觉——"我们是朋友/恋人，但你好像并不需要我。"

原生家庭无法选择，已发生的事实无法改变，也许现在的你已经长大独立，却仍然被亲职化关系的阴影笼罩着。面对这样的处境，如何才能够实现自我救赎呢？

◐ 承认父母没有用你需要的方式来爱你的事实

这是一个痛苦的事实，要承认它并不容易，你得勇敢地处理深度愤怒、悲伤和委屈。但你要相信，痛苦只是暂时的，当你接受了这一事实，才能够放下过往，放下对父母的期待，树立全新的信念——父母给不了的，我可以自己给，用自己需要的方式来爱自己。

◐ 停止强化亲职化自我，努力发展真实自我

在过去的很多年里，你的生活都是由亲职化自我建立的，你、父母及周围的人都认为，那就是真实的你。其实，你压抑了很多真实的需求与感受，隐藏了真实的自我。现在，你要试着去发展真实的自我，用真实的自我和外部世界建立联系。在这个过程中，你一定会遇到阻力，特别是来自父母的阻力，他们习惯了亲职化的你，希望你保持原样。

最初你会感到痛苦，认为自己"背叛"了父母。这个时候，你要提醒自己，过去的亲职化关系是有问题的，你需要被爱、被关注、被倾听，而不是背负着沉重的责任前行。你在过去被剥夺了这样做的权利，现在你只是把属于自己的东西拿回来，并不是背叛。

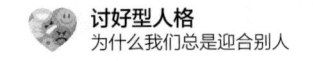

➡ 创造一些机会,让自己再次成为"孩子"

在生活中创造一些可以让自己再次成为"孩子"的机会,寻找一些可以成为真实自我的情境,比如:逛动物园、去游乐场、荡秋千。也许小的时候你没有选择,只能提前成长,可是长大后的你,有能力在一些情境中重新成为"孩子"。

如果你努力尝试依靠自己来改善,结果却不太理想,也不要沮丧和放弃。别忘记,还有一种可行且可靠的选择——寻求专业咨询师的帮助。在一段安全的咨询关系中,在无条件的积极关注之下,和专业咨询师探索那些被压抑的真实感受,与真实的内在小孩对话,了解、关注和重视自己的感受和需要,可以帮助你疗愈过去的创伤。

4 为什么你总是受他人的情绪传染？

重塑认知4
分离自己与他人的课题

讨好型人格者大都有过这样的体会：当身边的人出现负面情绪时，总是不自觉地受到对方的情绪感染，尤其是自己最亲近的人。出现这样的情况，最主要的原因是没有设立好情绪边界，不能很好地区分自己的情绪和他人的情绪，总想为他人的情绪负责。

过往的20多年里，陈苒一直背负着妈妈的情绪。

根据陈苒的描述，她妈妈是一个性格内向、不太爱说话的人，在生活方面也很节俭，但骨子里却很倔强；爸爸性格外向、热情健谈，虚荣心有点儿强，喜欢招呼朋友来家里做客，或是在外面请客吃饭，还经常借钱给朋友。妈妈很不高兴，心里埋怨爸爸花钱大手大脚、不顾家，但她不善于表达，经常自己生闷气，摆出一张不高兴的脸。每次见到妈妈不悦的样子，爸爸都会说她性格不好，两个人经常吵架。

陈苪读书的时候，经常要扮演安慰父母的调和者。待她上大学和工作后，虽不常在家，可每次和妈妈通电话，都要听妈妈唠叨近期发生的那些芝麻绿豆的事情，以及对爸爸的种种不满和埋怨。陈苪心疼妈妈，总是好生劝慰，想让她心情好一点。可是，挂断电话之后，陈苪的心情却会一落千丈，好几天都是消沉的。

陈苪的内心有一种深深的无力感，她觉得自己无法做到让父母融洽相处，也责备自己赚的钱太少，不能让妈妈免去对金钱的担忧。想到妈妈委屈落泪的样子，她心里就一阵酸楚。

为了摆脱这种痛苦的状态，陈苪鼓起勇气走进了咨询室。在心理咨询师的帮助下，陈苪意识到了问题的根源——她把自己代入了妈妈的情绪中，总想替她分担痛苦。随着咨询的进展，陈苪也逐渐认清了一个事实：父母之间的问题应当由他们自己来解决，她没有责任去背负这些问题，也无力去承担；妈妈对爸爸的不满，以及她所感受到的委屈，都是属于妈妈的情绪。作为女儿，她可以选择倾听和共情，也可以选择让妈妈用其他的方式去消解。每个人都必须对自己的情绪和行为负责，妈妈也不例外。

陈苪是一个情绪边界感较弱的人，在看到妈妈焦虑、愤怒时，产生了强烈的共情。她没有意识到那是妈妈的情绪，反倒是内化了妈妈的感受，认为自己要为妈妈的情绪负责，有责任把妈妈从痛苦中拯救出来。

每个人都是独立于他人的个体，即便彼此之间的关系很亲密，即便对他人产生了共情，也当明确个人的边界。每个人活在这个世上都有自己的课题，我们无法拯救他人的命运，也无法背负他人的痛苦。过度共情只会不断吸食他人的负面情绪，让自己的人生走向失控的境地。要扭转这一情形，需要讨好型人格者注意以下几个问题：

➡ 识别情绪的主体

当一个人心情不好，希望独自待一会儿时，你要提醒自己："这份沮丧的情绪是属于他的！"虽然你感受到了他的烦闷，但你没有义务和责任把他从烦闷中拉出来，这不是关爱，而是过度共情。你要做的是，向对方表达出你的理解，主动给对方留出安静的空间，让他消化自己的情绪。切记，识别谁是情绪的主体，理性看待他人的境遇，分离自己与他人的课题。

➡ 克制讨好的冲动

每次看到男友神情凝重，或是独自待在房间里，S就会特别紧张，总怀疑是不是自己做错了什么惹得对方不高兴。每每这时，她就会做一些讨好的举动，以此观察男友的反应，来证实对方的消极情绪并非指向自己。

这种情况是讨好型人格者需要特别注意的。过度共情会让你忍不住想要对他人的情绪负责，你要学会克制这种冲动，不去做讨好对方的行为。

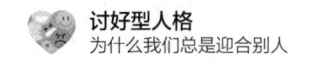

放弃全能自恋

跟他人的情绪纠缠不清,把别人的事情当成自己的事情,把别人的情绪当成自己的情绪,总想拯救别人的痛苦,消除别人的愤怒,为此耗费大量的心力。这不是健康的共情,而是一种全能自恋——总觉得自己是全能的,觉得自己有必要在感受到他人的痛苦时做点什么,将对方从负面情绪中拯救出来;要是不能让对方的情绪好起来,就会感到内疚。

如果你尊重对方,就请放弃这份全能自恋,承认对方是一个有独立人格的人,相信对方有能力处理好自己的情绪和问题。你能够给予的,是理解对方的感受,陪伴对方去探索解决问题的途径。当你内心涌起想要拯救对方的冲动时,不妨冷静10秒钟,试着提醒自己:这是他的情绪,他需要为此负责,我没有责任也没有能力承担他的情绪,我要把属于他的情绪还给他,默默陪伴,相信他有能力处理好自己的问题。

5 和朋友谈界限是一种疏远吗？

重塑认知5
界限让你知道谁是真朋友

张浩的朋友不多，跟他相处时间最久的，就是高中同学余洋。

张浩和余洋的性格完全不同，张浩比较内向，不善言辞，可是心思缜密；余洋大大咧咧，做事冲动，经常不计后果。大学毕业后，他们都到上海工作，就合租了一套房子。起初，两个人相处得还算融洽，可是渐渐地，张浩发现余洋经常会留给他"烂摊子"。

余洋看别人遛狗挺有意思的，没有跟张浩商量，就私自抱回来一只小狗。三天热乎劲儿过去后，他就不管小狗的起居了，房间里又脏又乱，还不时地飘出狗尿味。张浩只好替余洋担负起照顾小狗的责任。他也没有过多计较，还劝慰自己说："这个世界上没有完全相同的两个人，既然是朋友，就多包容一点吧！"

可是，接下来发生的一些事，却让张浩愈发难以忍受了。

讨好型人格
为什么我们总是迎合别人

余洋不会做饭,偶尔心血来潮,就跟着视频学做饭,结果把厨房弄得一片狼藉。新鲜的食材都浪费了,余洋也懒得收拾,就丢下烂摊子出去吃饭了。下班回来的张浩很累,想煮点面吃个简餐,结果还得先清理水池里的一堆锅碗瓢盆。

不久后,余洋交了一个女朋友,还经常带回家来。此时,张浩就成了最亮眼的"灯泡"。为了避嫌,他总是去外面的网咖。余洋和女友出门后,留下的尽是残羹冷炙和空啤酒瓶,还有一堆烟头……张浩满腹愤怒,耐着性子把家里收拾干净。

余洋回来后,张浩忍不住质问:"这是我们合租的房子,能不能注意一下卫生?"余洋似乎并不在意,说:"你知道,我上学时就懒……得了,晚上我请你吃饭。"这件事就这样过去了,可让张浩没想到的是,余洋犯的错误一次比一次严重。

那天晚上,余洋借走了张浩新买的车。当时,张浩真的很不情愿,但碍于哥们儿面子,还是把车钥匙给了余洋。没想到,余洋竟然酒驾出了车祸,肇事后还选择了逃逸。等到一天之后,警察找上门,张浩才知道发生了什么事。见到余洋,他气急败坏,说:"没想到你居然犯这么低级的错误!"

余洋也很后悔,但他仍向张浩提出请求:"能不能借我点儿钱?我手里的钱不够……"这一次,张浩终于拒绝了他:"咱们是朋友,我才一次次地帮你,但我不是你用来处理麻烦的工具!"

作为朋友,张浩尽己所能地包容余洋,换来的却是余洋的肆无忌惮。朋友之间相处，求同存异没有问题，但必须有限度，至少要确保各自独立的生存空间。张浩没有处理好这个问题，他应当直接告诉余洋自己所能容忍的限度，区分清楚彼此的责任所在。如果余洋还在意张浩这个朋友，必然会向他道歉，在行为上有所收敛；如果余洋不理解张浩的意图，他也用不着为失去这样的朋友而难过。

朋友不同于家人，朋友是可以选择的，这也是友谊的魅力。朋友不一定都要结交一辈子，如果随着时间的流逝，或是各自所处的环境发生变化，发现彼此之间相处起来不似从前那么舒适，大可挥手再见，给其他融洽的友谊腾出空间，不必辛苦维系一段令自己不悦的关系。

现在你不妨回顾一下，有没有一些朋友的行为模式总是让你感到心烦意乱，或是很不舒服？如果有的话，说明你需要在朋友关系中设定界限了。

不要担心设定界限会伤害友谊，事实恰恰相反，只有设定界限你才会知道谁是真正的朋友。那些真正在意的人会尊重你的决定，因为他们希望你幸福；那些不尊重你所设置界限的人，实则已经逾越了你的界限。

如何在朋友关系中设定健康的边界呢？这里有几条建议，可以作为参考：

➡ 识别信号：听从身体的反馈

如果你和某些朋友相处时，总觉得胃部有痉挛感，或是出

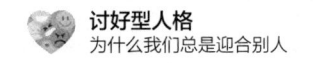

现其他的身体症状，说明这段关系给你带来了压力。此时，你就要设定界限，明确自己应该在哪些地方作出调整和改变，以便让自己感到舒适。

● 心理建设：放下思想包袱

你可能不太习惯和朋友谈论界限的话题，总觉得这样做似乎预示着要疏远对方。其实，这是一种错误的信念，设置边界不是自私，是要让彼此更舒适地相处。你不妨提醒自己："我没有做错任何事，谈论界限不代表我不在乎朋友，我只是想让他们知道，我需要关注自己。"

● 选对时机：在越界时谈论

选对时机和朋友谈论自己设定的界限是很重要的，忽然提起这个事情会显得很唐突，也缺少针对性。最合适的时机是当朋友做了一些让你感到不舒服的行为时，比如：约会时迟到、频频谈论自己的负面情绪……此时，你和对方说明自己设定的界限，朋友更容易理解你的观点，并且尊重你的感受和界限。

● 注意措辞：慎说刺耳的话

在告诉朋友自己设置的界限时，切忌直截了当地说"当你……我觉得你很啰唆"，这样的话听起来很刺耳，带有指责和贬低的意味，容易引发冲突；你可以用正向的话语来描述："如果你能……我会感觉更舒服"，这样既表达了自己的想法和需求,也提醒了对方今后该用什么样的方式与你沟通、相处。

➡ 敞开心扉:说出内心的不安

绝大多数时候,讨好型人格者是安静的倾听者,很少会主动谈及自己的情绪和感受。你可以试着敞开心扉,让朋友知道你在谈论自己的情绪时会感到不安,而后委婉地告诉他,对方的某些行为会给你带来困扰,并提出你的需求或建议。

6 婚恋关系中，要不要看对方的手机？

重塑认知6
亲密爱人，亲密有间

潇潇很喜欢男友凯文，为他放弃了出国的机会，对其他男生的追求视而不见。每天上班，她都要凯文登录微信，自己在公司里的大事小事总要第一时间告诉他。下班时，她会提前开车到凯文的单位门口，然后一起吃晚饭，再恋恋不舍地分别。

谁都看得出，潇潇对凯文的爱很深，但凯文心里却有说不出的苦。

凯文不止一次跟朋友说，不在一起的时候会想潇潇，可在一起的时候又有点烦。周末他想去打球，潇潇却拉着他去逛街；下班他想跟哥们儿聚聚，潇潇也非得跟着，既不让抽烟，也不让喝酒，特别扫兴。最让凯文难以接受的是，每次见面潇潇都要翻看凯文的手机，看他都和谁聊过天，谈论了什么。要是有新的好友，她定会刨根问底，生怕凯文和对方有什么瓜葛。

对于这样的关系状态，凯文几次想提出"分开一段时间"，可话到嘴边又咽下。他知道潇潇对自己是真心的，也怕错过了这个美好的眼前人。可是，她的爱实在太沉重了。

相处一年多以后，两个人在一起的氛围不如从前那么好了。凯文变得沉默寡言，冷冷淡淡。潇潇问什么，他只是轻声应和，没表情，没心情。可一听潇潇说要出差几天，他又变得很殷勤。潇潇怀疑，凯文是喜欢上了别人，两人还为此生了嫌隙。

生活经验告诉我们：有些时候，人与人的空间距离近了，不代表心理距离也近了，比如同事；彼此不是每天都联系，但也不代表心里不惦记对方。凯文对潇潇是有感情的，可为什么深入相处之后，他却想要逃离这段关系呢？

西方生物学家早年做过一个研究刺猬生活习性的实验：在寒冷的冬天，把十几只刺猬放到寒风凛冽的户外空地上。由于天气很冷，空地上又没有遮风避寒的东西，这些刺猬被冻得瑟瑟发抖。生存的本能让它们不由得靠在一起，但又因为彼此身上的长刺而被迫分开。就这样，经过一次次地靠近和分开后，刺猬们终于找到了一个合适的距离，既可以相互取暖，又不会刺伤彼此。这种情形后来被称为"刺猬效应"，也叫"距离法则"。

在人际交往中，人与人之间的相处要保持一个适度的距离，太远了会显得关系生疏，太近了又会出现摩擦，唯有不远不近，才能让双方的关系处在一个和谐、融洽的氛围中。恋人或夫妻之间也要设置边界，保持恰当的距离。这份距离，不一定是地理上的距离，分隔两地，而是要给彼此在心灵上留出一

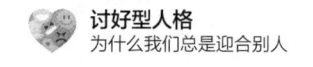

点空间，把关系控制在相互容纳并相互吸引的范围内。

  凯文和潇潇之间最大的问题在于，没有在亲密关系中设置合理的边界。潇潇理解的爱是一种"非正常的共生关系"，彼此不分你我，任何事情都要第一时间与对方分享，这是缺少边界的表现，是自我发展的不成熟；凯文难以接受潇潇的做法，他感觉个人的隐私空间被侵犯了，却又不知道该怎么和潇潇进行沟通，只想着以"分手"的方式来逃避，这是不会设置边界的表现。

  不敢（或不懂得）在亲密关系中设置边界是一个常见的现象，也是困扰着许多伴侣的问题。缺少健康的边界，可能会觉得另一半事无巨细地管着自己，失去了自由；可能会因为花钱方式有出入，引发严重的争吵；还可能因为对方无视自己的家务劳动，把刚刚打扫完的厨房弄得一塌糊涂，激起满腔的愤怒；也可能会为了不打扰伴侣的计划，调整自己的时间安排，结果耽搁了许多工作，把自己搞得焦头烂额……尽管这些行为都不足以成为结束这段关系的理由，可它们却严重扰乱了关系的平衡与融洽，总是让彼此陷入冲突之中。

  人在亲密关系中存在两种恐惧，一种是被抛弃的恐惧，另一种是被吞没的恐惧。两个相互独立的人成为伴侣，必然要经历打破界限、互相融入的过程；然而，融入不意味着彻底失去自我，为了避免产生被吞没的恐惧，多数人会为自己创造一些私密的心理空间。

R定期都会找知心的朋友倾诉一下烦心事，偶尔回家时也会悄悄地给父母一点钱，她还会在社交平台给自己欣赏的某个异性点赞……这些事情无关背叛，可是为了避免误会与争执，她都不想让爱人知道，她认为自己有权利做这些事情，不需要获得谁的批准。

同样地，R也允许爱人有自己的独立空间，从来不会随意翻看对方的手机，即使要查看的话，也会告知对方，经过对方的允许。假期的时候，她不会要求爱人必须陪伴自己，允许他和朋友相约小聚，也不会因为他独自去爬山而感到失落，如果她想要参与爱人的活动，也会如实地说出自己的需求，并接受对方可能会拒绝的事实。

R和爱人之间的关系是亲密有间的，她可以在对方面前做真实的自己，说出自己的需求；同时，她也允许对方拒绝自己的请求，按照各自的意愿去支配时间和空间。有了这种清晰的界限，可以避免许多不必要的冲突。

设置亲密关系的界限，对任何人而言都很重要。如果你有讨好型人格的倾向，那么你更应当明晰自己和伴侣之间的边界。美国心理学畅销书作者蔡斯·希尔认为，在设定亲密关系界限时，需要考虑六个因素：❶

---

❶ 《停止讨好别人》，[美] 蔡斯·希尔，中国科学技术出版社，2022年11月。

讨好型人格
为什么我们总是迎合别人

1.给双方想要做的事情留出足够的时间与空间。

2.对彼此要承担的家务进行细分,明确各自的责任。

3.爱你的伴侣,但当他的行为超出你能容忍的界限时,要适可而止。

4.当伴侣越过你的界限时,只能原谅那些不违背你价值观的言行。

5.对伴侣坦诚,同时也给伴侣坦诚的机会。

6.明确自己的界限后,确保伴侣完全清楚你的界限,而后坚持自己的界限。

这些是为亲密关系设定边界的一些原则,你可以根据自己最看重的方面进行完善和细化。在此之前,如果你从来没有做过这件事,你的伴侣可能会表现出诧异,不明白为什么突然要做出改变。所以,和对方谈论界限这个话题,一定要找对时机。

1.在你们心情愉悦的时候去讨论,不要在疲惫或争吵之后讨论。

2.确保谈论这一话题时,不会被其他事物干扰。

3.你希望伴侣在哪些方面作出改变,告知之后要给予解释。你要让伴侣知道,并不是因为他做错了什么,而是你希望过得更开心,希望让这段关系更深厚、更长久。

4.真实地说出你的情绪、你的感受,不要强调伴侣带给你的感受。

5.和伴侣讨论如何让彼此共同成长,设定新的目标和学习内容。

6.告诉伴侣,你依然很爱他。

在亲密关系中设定界限是一件有挑战性的事,要作出改变也很不容易。当你思考要不要设立界限时,你可以想象一下"亲密有间"的生活是什么样的,以及不设界限的生活状况是什么样的。你会意识到,改变之后的双方会更容易沟通,更能相互理解,而你也可以更好地向伴侣表达你自己。

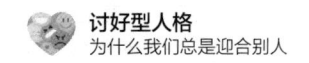

7 如何摆脱过度劳累的工作状态？

重塑认知7
别让情分掩盖了本分

李飒给一家公司做兼职会计，按照事先的约定，她每天的工作时间是上午10点~下午2点。由于其他部门的员工缺少财务知识，在跟她对接工作时沟通很费劲，她经常要加班到下午5~6点钟。有时候，老板还会在晚上给她打电话，让她分析财务报表和相关数据，以便了解公司经营过程中存在的问题。

起初，为了给老板留下一个好印象，李飒并没有对这些事宜提出异议，而是全盘接受了。渐渐地，她发现自己的工作量变得越来越多，而老板支付给她的薪水还是和从前一样，她的内心有些失衡，认为老板是故意占便宜。有时，她会故意拖延一下工作的进度，希望老板能够读懂她的心思，无奈对方却视而不见。李飒很苦恼，她不好意思主动向老板提出加薪，又不想辞掉这份兼职，只能维持现状。

几乎每个人在工作中都遇到过类似的问题：老板布置的任

务量超出你的承受范围，不加班加点根本完不成；小组的搭档经常偷懒，把他要负责的事情推给你；还有一些同事不懂分寸，总是和你开一些过分的玩笑……这些事情或大或小，但都让你感到不舒服，或是被人利用和欺负，或是陷入过度劳累的状态。

上述的这些现象，其实都涉及职场边界的问题。对于那些不是讨好型人格的人来说，他们可以从容地向领导提出加薪的要求，也可以轻松地指出同事的越界行为，可是对讨好型人格者来说，要挑明这些问题需要下很大的决心，还要做足心理功课。

这也是可以理解的，在职场中设定边界会给人一种压力，让人担心自己会得罪同事，或是遭到孤立和排斥，甚至被辞退。的确，我们无法保证设定职场边界不会导致任何消极的或意外的后果，但可以肯定的是，缺少边界会严重影响工作状态，降低工作表现，拉低工作效率，所以一定要权衡利弊。

不少"老好人"认为，多做一点工作，哪怕不是自己的分内事，也能换得一个好人缘。这种想法有点儿一厢情愿了。如果是制度完善的公司，肯定有一套专业的考核流程，如果你的业绩不达标，即使你做了很多分外之事，依然无法通过考核。职场最忌讳个人职责不清，情分永远不能遮掩本分。所以，当有人把手伸向你的领地时，你不能只顾着赔笑脸，而是要勇敢地明确那条边界。

身在职场的讨好型人格者，要如何明确或强化自己的边界呢？

讨好型人格
为什么我们总是迎合别人

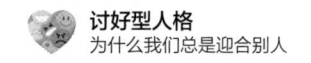

➡ 明确自己的权利

讨好型人格者经常会错误地认为自己无权设定边界，也无权得到他人的公正对待。想要设定边界，必须克服这一错误的信念，明晰自己在工作中拥有和他人一样的权利。倘若你不清楚哪些权利是理所应当争取和捍卫的，下面的这些提示应该对你有所帮助：

- 你有得到尊重的权利。
- 你有拒绝分外工作的权利。
- 你有安心休假的权利。
- 你有按照双方约定的条款获得报酬的权利。
- 你有不因年龄、性别、外貌、身体残疾等受到歧视的权利。
- 你有_____的权利。
- 你有_____的权利。
- 你有_____的权利。

（思考你需要设定怎样的边界，自行补充内容。）

➡ 满足自己的需求

认识到自己拥有权利并应当得到尊重，不代表别人就会尊重我们的权利。当别人无法理解或满足我们的需求时，你必须尊重自己的价值、尊严、时间和精力，用坚决的态度亮出你的底线，为自己争取权益，满足自己的需求。

➲ 不被罪恶感绑架

刚开始捍卫自己的边界时，你可能会不太适应，很容易被罪恶感绑架，忍不住要行使"圣母心"。此时，不要顺从自动思维，你可以停下来做三次深呼吸，然后问问自己："这是不是我的分内事？我是真的愿意接受，还是习惯性地害怕拒绝？如果接受了这样的请求，会对我造成哪些影响？"当之前的坏习惯想要带着你跑的时候，进行这样一番的自我对话，可以有效地强化自我意识，帮助你对抗"不敢拒绝"的坏习惯。

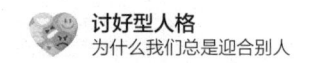

8 怎样应对那些挑衅自己边界的人?

重塑认知8
接受不完美的解决方案

当我们设立了心理边界之后,最理想的状态莫过于,别人尊重我们的想法,理解我们的需求和感受,也愿意接纳这个边界。然而,这个世界上并非人人都是通情达理的,总有一些人不懂得何谓尊重,即使知道你会不高兴,还是会去挑战你的边界。

现在,你不妨对照以下信息识别一下,看看自己身边有没有这样的人。

- 屡屡侵犯他人的边界。
- 任意妄为,经常破坏规则。
- 不考虑他人的需求和感受。
- 总是提出不合理的请求。
- 永远认为自己是对的。
- 控制别人以达到自己的目的。

- 目的没有达到时，会大吵大闹或侮辱他人。
- 喜欢背后说别人的坏话。
- 习惯扮演受害者。
- 破坏别人与其伴侣、孩子或他人的关系。
- 享受他人的帮助，却从不给予回报。
- 做错事很少道歉，即使道歉也是敷衍了事。
- 撒谎成性。
- 情绪不稳定，有暴力倾向。
- 贬低他人的价值观、生活方式和选择。

遇到这样的人，谁都会感到生气和愤怒，甚至忍不住想要对他发脾气。遗憾的是，即使你义正词严地指责对方，往往也是无济于事，对方根本不会买你的账。不仅如此，他还可能会反咬一口，说你苛刻、小气，对你进行道德绑架，让你怀疑自己的边界是不合理的。

Z先生的父亲养了一只猫，这只猫性格暴躁，曾经抓伤过Z先生。虽然Z先生不和父亲同住，但父亲还是会经常带着这只猫到Z先生家做客。Z先生知道，这条猫已经被父亲当成了"伙伴"，也就没有阻止他。

不久前，Z先生的女儿出生了，他开始忌惮那只爱抓人的猫。于是，Z先生就和父亲说："以后再来家里时，就不要带着猫了，以免伤着孩子。"这样的要求是合情合理的，绝大多

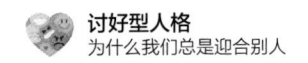

数人会理解并尊重这个边界。

然而，Z先生的父亲却认为，儿子说出这样的话，是在指挥自己、控制自己，他很愤怒，说："我是你爸，什么时候轮到你跟我讲条件了！"接着，他自顾自地发泄愤怒，整个过程持续了10分钟。

Z先生很有边界感，也懂得保护核心家庭成员的安全，他提出的要求是完全合理的。可是，Z先生的父亲丝毫不顾儿子的感受，也不尊重儿子设置的边界。面对这样一个难相处的人，协商、分享感受基本上没什么用，无效的交流还可能会进一步恶化成争执、指责，让情况变得更糟。

当讨好型人格者遇到难相处的人，简直就是一场巨大的灾难。"老好人"原本就不太敢表达自我，再加上对方的咄咄逼人，很容易被迫"就范"。美国执业心理治疗师莎伦·马丁建议，和这样的人相处一定要讲究技巧，采取特殊的策略：❶

➲ 确保人身安全

我们无法准确预测他人的行为，但是一个人过去的行为可以作为参考，特别是那些随意践踏他人边界的人，千万不要低估对方曾经给他人造成的伤害。当你不得不面对这些人时，最先要考虑的就是安全因素。

---

❶ 《边界感与分寸感》，[美]莎伦·马丁，化学工业出版社，2023年6月。

切记不要向对方解释你的边界，他一定会反驳你、指责你、否定你，一旦陷入争执，很可能会激怒对方，让你陷入危险的境地。如果对方有过威胁、暴力的行为，而你又必须与之接触，最好选择公共场合。如果你对面谈感到不安，也可以选择使用电话或微信沟通。

● 避免卷入争论

总是挑衅他人边界的人，往往都有很强的控制欲，喜欢转移话题，用指责和攻击的方式把他人卷入争论中。所以，和这类人相处时，一定要控制自己的情绪，避免和对方进行权力之争。当他们发现控制不了你，没能得到想要的反应时，往往就会放弃。

● 关注可控之事

想和不明事理、胡搅蛮缠的人划清边界，最好的方式就是关注自己可以控制的事情。不要试图让他们作出改变，这是一种幻想，你越跟他们讲道理，他们越是变本加厉。这类人不会承认自己有问题，只会报以愤怒、否认和嘲笑。这样的事实令人沮丧，但你可以尽己所能，在可以做的事情上付诸努力，以满足你的需求。

以Z先生为例，如果他想要保护自己的女儿不被猫咪伤害，他能够作的只有两个选择：第一，拒绝父亲到自己家做客，选择在餐厅或咖啡厅见面；第二，当父亲带着猫过来时，

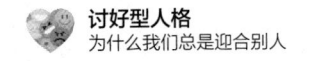

拒绝给对方开门。

  这两种选择都很艰难，甚至显得有些冷漠，但是和难以沟通的人相处，也只能接受这些不完美的解决方案，因为他们留给别人的选择余地很小。在必要的时候，我们甚至还要主动选择结束与对方的关系。

  讨好型人格者也许会为此感到难过，这也在情理之中。但是，你仍然要提醒自己，作出这样的决定是有原因的，比如："我之所以这样做，是为了保护我和家人不受伤害""我有权决定谁可以来我家""父母不高兴，不代表我做错了""我不必为父母的情绪负责，我也没有义务去讨好他们、迎合他们"。

  这是一项极具挑战性的任务，一旦你完成了，你会感受到成长的力量。

Part 5 纠结和自在，只隔着一个字

——不带任何愧疚地说"不"

太宰治在《人间失格》里说："我的不幸，恰恰在于我缺乏拒绝的能力。我害怕一旦拒绝别人，便会在彼此心里留下永远无法愈合的裂痕。"不要让这种不幸延续到生命的终点，你有权利遵从内心的想法来作选择，你可以不带愧疚地拒绝任何人，这不是自私自利，而是对自我的尊重。

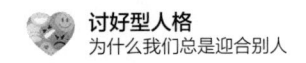

討好型人格
为什么我们总是迎合别人

1　拒绝他人的请求，算不算自私？

练习1
打破"拒绝＝自私"的枷锁

有人在自媒体公众号开展了一个活动，邀请网友们分享"拒绝别人的时刻"。

截止到活动结束的时间，后台共收到了150多份回复，每个人都列出了自己的理由，如：不想占用自己的时间，就是不喜欢、不想做，与自己的安排冲突，不愿意打破自己的原则，嫌麻烦，感觉自己被当成了"工具人"，对方的态度很不友好……

相比这150多份回复，有近60%的网友表示，他们平时很少拒绝别人。提及原因，多数人的困惑点在这里——拒绝别人之后，总是会感到愧疚，内心会涌现各种批评性的质问："从道义上来说，我是不是应该帮忙？""就这样拒绝，是不是太自私了？"

"拒绝＝自私"，这是一个经常出现在讨好型人格者脑海里的想法，他们总觉得对别人说"不"，就是自私自利，不考虑他人的感受。这种想法犹如一把枷锁，时常让他们产生愧疚感，像是做了什么"对不起"别人的事。要是这样的批判声从别人嘴里说出来，哪怕对方只是为了达成目的刻意制造道德绑架，为了甩掉负面标签，他们也会违心接受。

我的朋友Y，从事临床心理学工作多年，经常接受邀约去做演讲。

有一次，我刚刚走进Y的办公室，就听到他的助理手持电话跟人解释：

"虽说演讲时间只有1小时，但Y老师要做很多准备工作。"

"距离还是比较远的，往返路程大概得2个多小时。"

"去不去演讲和有没有爱心是两回事。"

"谢谢您的邀约，Y老师这次真的没法参加，档期已经满了，抱歉。"

透过助理的这些回复，我大致能够猜出是什么情况：Y经常会接到一些演讲邀约，而他的时间有限，工作量又很大，不可能全都应承。被拒绝的邀请方自然是不乐意的，总是百般央求，有时还会进行一番道德绑架，声称演讲是公益活动，是体现爱心的方式。言外之意，要是连1小时的公益演讲都不愿意做，是不是太没有爱心了？

Y的助理拎得清，从来不接受对方的道德绑架，Y本人也不会受这些评判的干扰。如果是讨好型人格者，听到对方说"这样做显得很没有爱心、很自私"时，瞬间会觉得自己"品行不够好"，从而接受对方的邀请。

<u>乐于助人是一种美德，但拒绝他人不等于冷漠和自私。</u>

《季羡林谈人生》中这样写道："能够百分之六十为他人着想，百分之四十为自己着想，他就是一个及格的好人。"做一个心存善念的好人，不等于任何时候都把别人放在第一位。人生不是用来讨好别人的，如果不拒绝那些不想做的事情，可能都没有时间和心力去做真正想做的事，那是对自己的不负责任，也是对生命的浪费。

M女士和先生共同经营一家公司，先生的弟弟和弟媳也在公司工作。后来，M的先生因病离世，她只能独立打理公司。扛了几年之后，M女士感觉精力、体力都不如从前，就想将公司脱手。弟弟和弟媳劝M女士，公司是她和先生多年的心血，这样卖掉太可惜，夫妇两人有心继续经营，只是经济实力不足。

后来，M女士的婆婆找到她，请求她低价把公司转让给弟弟和弟媳。然而，婆婆说出的价格，低得让M女士惊愕。别的买家出资1500万元，婆婆开口就把价格压到了300万元，还声称"都是一家人"。M女士不同意，婆婆很不高兴，指责她自私。

M女士很郁闷，也很委屈：先生的弟弟和弟媳在公司里做事，薪资待遇给得很高，现在让她以低出几倍的价格把公司转让给他们，换作谁也不会同意的吧？况且，他们提出这种违反人性的期望，就不自私吗？想到这里，M女士决意"自私"一回，照顾自己的真实需求，退休享乐，并把公司转让给最合适的人，给全体员工一个交代。

弟弟和弟媳为了自己的利益，让婆婆开口向M女士提出不合理的请求，用"都是一家人"的说法对她进行情感勒索，却从未觉得自私；M女士不同意他们的请求，婉言相拒，结果却被扣上了"自私"的帽子，这是哪门子逻辑呢？

拒绝不是自私，而是一种自保，你在捍卫自己想要的东西，它体现了你的心声、你的愿望、你的尊严和你的价值。当他人的期待和欲望超出你能够承受的范围时，你完全可以问心无愧地说"不"，因为这是你本应该做的——遵从内心，忠于自我。

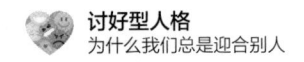

2 碰到尴尬的问题,要勉强回应吗?

练习2
真诚是与人为善,不是毫无保留

"我13岁那年,父亲就生病去世了,这件事一直是我不愿意提及的伤痛。从中学时代到大学,我结识了不少的朋友,每次问及家庭情况时,我总是含糊其词,很少直面回答。其实,我内心挺纠结的,总觉得别人对自己挺好的,应当把家庭的真实情况和自身的经历都告诉对方,可我又不知道怎么说……"

与人交往,保持一份真实和坦诚,无疑是值得称赞的品行。毕竟,人是群居动物,需要友情,也需要被关心、被了解,但这种坦诚不代表要把自己的一切都告诉对方。我们有权保留自己的秘密,那些真正值得深交和信任的朋友,如果意识到了你在回避这个问题,出于尊重和理解,一定不会再多问;若是不顾你的感受,死缠烂打地打探你的隐私,这样的人根本算不得朋友,而你也不必为此烦恼,大大方方地回绝就好,因为这是你的权利。

几乎每个公司都有热衷于"八卦"的同事，和玫玫同组的小H，就是一个爱打听隐私的女孩，特别关注别人的恋爱史和家庭私事。

有一次，小组人员外出培训，玫玫和小H同坐一排，车上还有其他部门的同事。小H特别喜欢这类活动，表现得很兴奋。那时候，玫玫刚来公司不久，和小H不是很熟。上车后不久，小H就开始向玫玫发起一连串的"问题"攻击。

"你有男朋友吗？"

"你男朋友是哪里人？"

"他是做什么工作的呢？"

"工资待遇怎么样？"

"你们准备买房吗？"

小H的问题像连珠炮一样，玫玫刚到公司不久，还没有跟其他人讲过自己的私人生活，她也从来不打探别人的私生活。小H的声音很尖，周围有些同事听到她这么"咋呼"，也都侧耳倾听着。

面对眼前的情景，玫玫有些尴尬，她不想当众曝光自己的私生活，也不希望让人看热闹。于是，玫玫就开始勉强回应小H的那些问题："他……就是一个普通职员……工资够生活的……你是有楼盘要介绍吗？"说这些话时，玫玫心里很不舒服，她特别希望小H能主动闭嘴，可小H似乎感受不到玫玫的尴尬，一直不停地追问，直到抵达培训中心。

初与人相识时，适当地自我暴露，可以有效地消除对方的戒心，迅速地建立良好的人际关系。前提是，这个交往对象必须是真诚的。很明显，玫玫的同事小H就是一个热衷于"八卦"的人，对这样的人，不能用纵容的态度如实回答他们提出的所有问题。

小H的询问让玫玫感到不舒服，触及了她的心理界限。可是，玫玫不太懂得如何拒绝，硬着头皮去回应那些问题，整个过程充满了紧张和窘迫。其实，遇到这样的问题，大可不必勉强自己，你有权利为自己的隐私保密。

真诚是与人为善，但不是毫无保留。有些问题，如果你不想回答，就落落大方地告诉对方："抱歉，我不太想谈这个话题"；或者用腼腆、幽默的方式去回应，也是可以的。比如，不想回答自己的年龄，大可以笑着反问对方："你为什么想要知道呢？"再如，被问到婚恋的情况时，也可以稍微羞涩地说："我还是想保持一点儿神秘感。"

在拒绝他人的提问时，尽量不要用"无可奉告""暂时保密"等词汇，这会让彼此之间的关系蒙上浓雾。避免过于率直地拒绝，巧妙地把话说得温和一点，对方才能接受你的回答，并且明白这些事情是你不愿谈及的，而不再多问。

3 拒绝熟人的请求时，怎么解释最合适？

练习3
说出你真实的想法与感受

苏晴的好友扭伤了脚踝，1个月内无法正常行动，请求苏晴帮她开车。碍于彼此之间的情谊，苏晴接受了。接下来的一个月里，她就在照顾朋友和工作之间忙活。

刚开始的一周，苏晴没有太明显的不适，可从第二周开始，她就感觉到了疲惫；更让她难受的是，自己辛苦奔波，并没有得到朋友的感激，反而还招了一身埋怨。朋友嫌她开车慢，唠叨她车技不行，害得她迟到了两次；苏晴这样折腾，精力耗损很大，工作效率受到了影响，老板批评她心不在焉。面对这种焦头烂额的状态，苏晴很是心烦，后悔自己当初的决定。

身处苏晴的位置，很多人也会觉得，朋友陷入困难之际，确实不太好回绝对方。事实上，问题根本没那么复杂。为人处世需要有情商和智慧，但也需要遵从自己的内心，而不是刻意

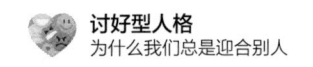

去伪装自己，只想向他人展示自己身上美好的一面，把苦楚全都留给自己。

当你想拒绝熟人的时候，用不着去找各种借口来掩饰真实的想法，更不必以亏欠的姿态百般解释。拒绝必然是有理由的，否则就不会作出这样的选择。只要你的拒绝是合情合理的，即便对方会有一些不悦，他也会敬重你的真实和坦诚，不会伤害彼此之间的情谊。

"五一"假期之前，相识多年的老友W约我假期见面小聚。

W平时工作很忙，经常到外地出差，真正得空休息的时候不多。赶在她休息时，补充睡眠和精力是头等大事，几乎不参与其他社交活动，就连亲戚的聚会也会推掉。W愿意和我出来小聚，并且主动发出邀请，确实是一件不容易的事。

被朋友如此看重，我是欣慰的，但我已经制订好了假期计划，要安心在家完成3篇约稿。看到W的邀约时，我有过片刻的犹豫，毕竟我们各自都很忙碌，上一次见面还是去年春天，算算也已经一年了。不过，最终我还是回绝了和W的这次小聚。

我没有找任何借口，就把自己的想法和安排原原本本地告诉了W："感谢你的邀约，能被你如此重视，我很高兴。只是，我假期的安排已经定好了，需要完成3篇稿件，这件事需要精心去做。如果我勉强赴约，内心也是不踏实的。考虑了一晚，我还是想按照自己的节奏来，并把实情告诉你，希望你能理解。"

W也很直接,她说:"被这样拒绝,我是有些失望的。但是,我也喜欢这样坦诚地沟通,朋友之间相处,真实很重要。"

这是我亲身经历的一件事,很多时候绞尽脑汁去想如何回绝熟人,不如直接说出自己的想法和感受。也许,对方会感到一丝失落,可是真正的朋友懂得何谓尊重——允许自己做自己,允许他人做他人,不会强迫对方满足自己的期望。其实,以苏晴遇到的情况为例,我们也可以用这样的方式来处理。

苏晴:"你的脚扭伤了,我很难过。你能在这个时候想到我,我觉得很欣慰。但是,我这次真的帮不了你。"

朋友:"为什么?"

苏晴:"我近期的工作事务太多了,实在无法保证时间安排。我知道你的情况特殊,也需要帮助,但我希望你谅解,我确实没有时间。"

朋友:"咱俩关系这么好,我才找你的。"

苏晴:"正是因为我珍惜咱们之间的情谊,才坦诚地告诉你实情,让你知道我的现状和心里真实的想法。如果可以的话,我肯定会帮忙,但这次真的不行。"

朋友:"你现在好像只关心自己的事情……"

苏晴:"我知道,这样说的话,容易被误会,但情况真不是你想的那样。"

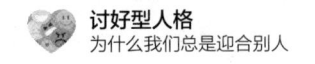

朋友："你说的话，我听着很不舒服。"

苏晴："你想多了，我不是因为不在乎你才拒绝，是因为我之前已经答应了领导，近期会全身心投入新项目中，这是信用问题。所以，我现在没办法帮你了。"

朋友："我还是觉得自己不被重视。"

苏晴："你这样想也正常，谁都希望别人能把自己放在很重要的位置上。你冷静一下，听我说，我们现在不要浪费时间去争吵这些了，最好还是想想办法，看能够找到谁来照顾你。我们俩一起商量一下，看这个问题该怎么解决。"

朋友："你说的也有道理，还是想想怎么解决问题吧。"

苏晴："嗯，你也认真想想，我也琢磨一下。你不要难过，好好养伤，有空我就过来看你。现在，我还有工作要忙，先不跟你聊了，再见。"

拒绝本身不会直接引起他人的反感和抵触，关键在于"如何拒绝"。特别是在面对熟人的时候，如果能在拒绝之后，给出合情合理的解释，往往都能赢得他人的理解。如果条件允许，且对方接受，可以提供替代方案，实现双赢的结局。

4　什么样的姿态会显得更有拒绝力？

练习4
客气本身就是一种拒绝

向先生在经济上遇到了一些困难，想向一位大学的同窗借钱。上学的时候，两个人在同一间寝室，关系还挺不错的。毕业之后，大家在不同的地方工作，多半是网络联系，见面的次数不多。最近，难得有机会约见，向先生知道那位同学境遇不错，就想请求对方在金钱方面给自己一点援助。

事情并没有向先生预想的那么顺利，特别是在两人见面之后，向先生感觉有些别扭。之前，大家在一起有说有笑，可以随意开开玩笑，可是这次见面，同学的态度却跟以前不一样了，他说话的时候很正式，没有任何调侃的意味；点菜的时候，还很客气地把菜单递给向先生，就像对待客人一样。

向先生原本还想开口跟同学提借钱的事，见此情形，怎么也开不了口，直觉和氛围都在提醒他：这个人和我的关系不似从前了，开口借钱会显得很唐突。就这样，向先生在拘谨的状态下和对方吃了一顿饭，之后就告别了，从始至终都没有提过

讨好型人格
为什么我们总是迎合别人

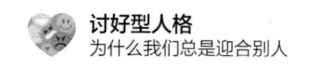

借钱的事。向先生觉得，不仅这次不会提，以后恐怕也不太好意思去找对方帮忙了。此一时彼一时，就是如此吧！

你可能也有过和向先生类似的体会：往日的同学或朋友，曾经一起嘻嘻哈哈、谈天说地，彼此都很随意。可是，忽然有一天，对方变得很客气，不再轻易和你开玩笑，说起任何事情都是一本正经的样子。虽然对方没有说什么，可你却受到了一种暗示：我们的关系变了，再像从前那样相处已经不太合适了。

客气会让人感到拘谨和见外，不能在对方面前随心所欲地去做任何事。但凡求人者，最喜欢的都是拉近彼此的关系，比如声称"一家人不说两家话""咱俩谁跟谁"之类的。总之，为了消除生疏感，会想尽办法消除客气，弥合彼此间的心理距离。

讨好型人格者向来都给人一种"好说话"的印象，这种随和的姿态很容易给他人形成一种暗示："你可以找我帮忙，我是友好的、安全的，不会拒绝你的。"如果你总是被他人的频繁请求困扰，或许你需要改变一下与人相处时的姿态，变得客气一点。这样的话，一方面能让你更容易把"不"字说出口，另一方面也能让对方不好意思提出请求。就像直觉和氛围带给向先生的感受：两个人之间都这么生分了，还怎么好意思开口跟对方借钱呢？

在表现出客气的态度时，你一定要坚定，不能一下子就被对方的诚恳感动。讨好型人格者的弱点就是太容易感动，结果忘掉了客气，最后在不好意思的情况下，接受了对方的请求。你在说客气话的时候，尽量不要跟对方套近乎，这样不利于拒绝。如果对方试图与你套近乎，你要保持头脑清醒，不要沦为对方的"感情俘虏"，否则一旦落入情感陷阱，就很难再拒绝了。

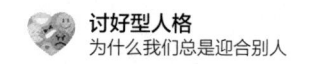

5　拒绝他人一定要用嘴巴说出来吗？

练习5
为自己建立一套"防御机制"

假设你在专心工作的时候，忽然有人过来请你帮忙。此时，你面临着两个选择：

1.放下手中的工作，去处理这些突发事件。

2.想出合适的理由回绝对方，花费一些时间去解释，免除误会和尴尬。

无论哪一种选择，都不可避免要暂时中断手上的工作。然而，麻烦事处理完了，再回来工作，思路和灵感往往已经被打断了，还得重新调整状态。折腾一通下来，起码要1~2小时；情况再糟糕一些，拒绝得不太合适，还会惹得对方不高兴，容易受他人影响的"老好人"，还得花时间调节自己的情绪。

其实，拒绝的表达不一定都要用嘴巴说出来，你也可以为自己建立一套"防御机制"，把不想应承的请托挡在门外。这样既达到了拒绝的目的,也不必与请求者正面"交锋",可以免去不少的麻烦。

思瑜是个热心肠的"老好人",公司里的人都很喜欢她。当然,他们喜欢思瑜,是因为她太好使唤了,有求必应,且总能把事情办妥,利用起来太省心了。同事经常夸赞思瑜助人为乐、善解人意,她也被这些标签束缚了,而找她帮忙的人也越来越多。

同在一个部门的赵小姐,不太会用Excel,经常让思瑜帮忙处理报表;邻桌的小路不喜欢收拾,总是让思瑜帮忙找东西;市场部的主管见思瑜踏实勤快,总是打电话让她做支援,处理一些订单录入。

起初,思瑜对这些事都是一一应承,无论是谁发出请求,她都会尽力帮忙。渐渐地,她意识到自己的时间都用在了帮别人做事上,自己的工作效率被拉低了很多。她很清楚,再这么下去的话,自己很可能会工作不保。她下定决心,要把精力收回来,放在自己的工作上。

然而,事情没有想象中那么简单,大家都习惯求助思瑜了,请托总是络绎不绝,她根本没办法专心干活。面对这些请托,直接拒绝肯定是有效的,但她的工作思路还是会被打断,而且这种做法对她来说太有挑战性了。

怎么办呢?思瑜想了想,最好的办法就是"事先堵住"请托的门。

她的工作不太需要外联，所以每天到工位之后，她就悄悄把桌上的电话线拔掉，避免市场部主管打电话过来；赵小姐的Excel报表，通常都是下午3点以后才开始整理，思瑜故意把约见客户的时间定在2点半，这样一来，赵小姐就只能自己动手了；至于懒惰邋遢的小路，拒绝起来相对容易一些，她决定这样回复小路："我现在正忙，你先自己找找，待会儿我再帮你。"着急的小路自然不会坐等着思瑜，他只能自己去找。

经过这样的一番调整，很大一部分请托被规避了，思瑜的日子也变得轻松多了。

思瑜所用的拒绝之道，就是我们常说的"未雨绸缪"，与其等请托者找上门再拒绝，不如事先把麻烦挡在门外。况且，未雨绸缪远胜于亡羊补牢，后者虽然能够最大限度挽回损失，可毕竟是在问题发生之后的补救措施，不可避免会有损失。相比之下，提前把问题发生的概率控制在最小的范围内，不但省去了处理问题的麻烦，还能避免让自己遭受损失。

如果有人经常向你提出请求，每次都以"最近忙不忙"发起谈话，你就可以这样回答："很忙啊！最近连休息的时间都没有了，每天都要加班到凌晨，太累了！"你这么一说，对方就知道你没空帮忙了，那些到了嘴边的请托，也会咽回肚子里。

6 怎样摆脱自己不愿牵扯的麻烦事？

练习6
用沉默表达你的态度

银行业务员："女士，我们新推出了一款信用卡，现在办理赠送购物卡。"

你："对不起，我已经办了好几张信用卡了，暂时不需要。"

银行业务员："是吗？那您经常带着几张信用卡出门，也不太方便吧？"

你："还可以。"

银行业务员："其实，您不需要这么麻烦，只要办理我们银行新推出的信用卡，真的能一张卡走遍天下，它在全球800多个城市都可以随时享受我们的优质服务。这个月是推广月，现在办理还有礼品赠送，还享受免年费的优惠……"

你："……"

讨好型人格者最害怕业务员的热情推销了。他们原本是想拒绝的，但总是因为言语不到位，给了对方反攻的机会。现实的情况往往是，不管"老好人"给出一个什么样的拒绝理由，对方都会将其变成进一步推销的理由，"老好人"只能继续和对方争辩，一不留神就被业务员的凌厉攻势驳倒。面对这样的情形，到底该怎么回应呢？

其实，最好的应对方式就是沉默。

我认识一位从事教育评论工作的前辈，她经常出席一些家长会之类的活动。她声称，在很多次演讲结束后，她都遭遇了"尴尬"，因为她总是习惯性地问听众："大家有什么问题吗？可以提出来讨论一下。"然而，十次有九次，现场鸦雀无声，无人回应。全场听众都盯着她，让她有些不知所措。她不知道，听众们是真的没有问题，还是自己太敏感了。总之，这种沉默让她不知如何自处。

看，这就是沉默的威力。这位前辈在演讲结束后遭受"冷遇"，听众的无回应让她很不自在，让她产生了一种被忽视、被拒绝的感受。如果你想回绝一个人的请求，又不好意思开口，总觉得尴尬，那不妨用沉默来表达自己的态度；特别是遇到一些你不愿意牵扯进去的麻烦事时，这种拒绝方式会显得很自然。

Tina刚来公司半个月，就赶上了一位同事的邀约，请她参加一个聚会。Tina不喜欢热闹，也不太想参加，可是琢磨了半天，不知道怎么拒绝对方的邀请，似乎怎么说都不合适。为了不影响工作，Tina就暂时把这件事情搁置了。

紧接着，领导交给了Tina一个复杂的项目，一心扑在工作上的Tina，就把同事邀约的事情给忘了。结果就是，她没有给予对方任何回复，直到聚会时间过了，她才忽然想起这件事。不过，Tina发现同事也没有太在意，也许那封请帖就是随意发的，而Tina不经意的沉默，也让她避免了直接拒绝的尴尬。

不是所有问题都可以用沉默来回应，如果有人向你提出了不合理的请求，比如性骚扰、冷暴力、欺压等，一定不能保持沉默，这会助长对方的气焰。此时的你，一定要强烈地表达不满，积极地采取自我保护的手段，坚决地抵抗，让对方停止错误的言行。

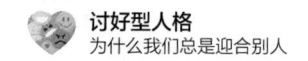

7 拒绝的身体语言，你知道多少？

练习7
巧用肢体语言表达意愿

表达拒绝不一定非要用语言，也可以利用环境，或是创造让对方感到不舒服的情境，这些都是无声拒绝的不错办法。接下来要介绍的一种拒绝方法，你随时随地都可以用，而且非常简单，那就是巧用肢体语言。

拒绝的身体语言，比口头语言出现得更早。相关理论分析指出，当新生儿吸吮足够的奶水后，就会左右摇晃脑袋，以此来抗拒母亲的乳房。幼儿在吃饱后，也会用摇头的动作来拒绝大人们的喂食。当然，拒绝的动作不只是摇头，还有许多肢体语言，都可以增强拒绝的效果。下面，我们就介绍几种有效的拒绝姿态和动作。

➡ **正襟危坐，挺直腰身**

猫、狗等小动物打架时，全身的毛都会竖立起来，膨胀的毛发让它们看起来比较庞大，这样做的目的，就是营造一种强大的气势，来震慑敌人。

你也可以营造一种气势，给人制造一种压迫感，比如：正襟危坐，挺直腰身，就是一个很好的方式，这样能够有效地增加拒绝的气势。虽然我们都不喜欢傲慢的人，但在拒绝他人时，不妨摆出一些傲慢的动作，高昂脑袋，这样可以增强拒绝的效果。

➡ 双手胸前交叉，两脚重叠

想象一下：当一个人在你面前，呈现出双手在胸前交叉，两脚重叠，表情严肃的样子时，你会有什么感觉？是不是觉得这个人不好接触，拒人于千里之外，很想避开他？

这是对料想的攻击所采取的一种警戒措施，如果你想表达拒绝，或是坚定自己的立场，不妨摆出这样一副姿态，真的能够让你气势倍增。

➡ 不慌不忙地摆弄身边的东西

索尼公司创办人之一井深大，每次对他人的话题不感兴趣时，就不慌不忙地摊开报纸来看。很显然，这是在表示拒绝。还有一位评论家，每逢有不喜欢的访客到来，他就会一边说话，一边整理自己的名片。对方看到这样的动作，往往就没有了继续聊下去的兴致，主动选择离开。

➡ 倾斜身体或侧身对着对方

如果你用倾斜身体的非对称姿势面对他人，会让对方感到不安。这一动作源自战斗姿势，在不少的武术当中，都会用这一姿势迎敌。

当你想要拒绝他人的请求时，不妨倾斜身体，或是侧身对着对方。如此，即便你不说话，对方也可以从你的气势中感受到"不"的意思。这种攻击性的姿势，还可以让对方感受到，你的拒绝不是随便说说，而是认真的。

➡ 表现自己身体状态不佳的动作

一位事业有成的丈夫，经常因工作冷落妻子，妻子感到孤独，因而也开始怠慢丈夫，搬离了原来的家。丈夫责备妻子变心，强迫她回心转意。妻子早已经没有这个意思，大概是对自己的行为感到愧疚，不敢绝情地把丈夫赶回去。

丈夫越说越激动，妻子不想再听，就用一只手的拇指和食指用力地按了一下眉毛下凹陷的位置。显然，这是在表现身心疲惫时经常会做的动作。丈夫见此情形，突然就闭了嘴。见丈夫不再说话，妻子就小声地说："没关系，你继续说。"之后，丈夫又开始单方面地驳斥。

没过一会儿，妻子又做了和刚才一样的动作。经过几次这一动作的重复，丈夫彻底闭了嘴。从始至终，妻子没有说一个"不"字，但最后，丈夫放弃了说服的念头，默默地离开了。

肢体语言专家认为，表示身体状况不佳的动作，是向交谈对象发出否定的信息，比如转动脖子、用手帕擦拭眼睛、按眼睑、拍肩膀、按太阳穴，以及按眉毛下部等动作，都是身体向外界发出的拒绝信号："你的话让我感到疲惫，我希望你别再说下去。"

其实，表示拒绝的姿态和动作不止以上几种，还有转头、转身、摊手、撇嘴、耸肩等动作。在拒绝他人的时候，如果能够做到灵活运用，它们都可以增强你的拒绝力。

Part 6 没有一种批判比自我批判更强烈

——跳出过度自省的怪圈

自我反省是成长的必经之路,但过度自省却是一种自我折磨。讨好型人格者大都存在低自尊的问题,遇到问题习惯在自己身上找原因:为什么他不回复我的消息,是不是我哪里做得不好?这么简单的事情,我都没有处理好,真是太差劲了!为什么别人能够做到,我却不行?他们的心里住着一个严苛的批判家,让他们无法自控地怀疑自我、攻击自我。

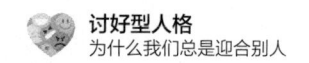

1 "我总是反思,是不是我做得不好"

修正信念1
过度自省是一种自我攻击

一个人想要更好地了解自己、认识自己,必须经常对自己的行动进行审视和思考。在无暇自我反省的情况下,人们往往会处于自我感觉良好的状态。所以,每隔一段时间都需要透过自己这面镜子映照一下内心,看看自己处于什么样的状态。

健康的、适度的自省,可以让我们更加清醒地看待自己和这个世界的关系。讨好型人格者善于自省,但他们的问题是矫枉过正,把自己推向过度自省的困境。

过度自省,是指个体对自己的行为、想法和情感进行过度且重复的思考和分析,这种思考常常带有自我批评和自我否定的意味,让人陷入无尽的自我怀疑中。

讨好型人格者的过度自省体现在多个方面,比如:他们会因为别人的一句话、一个眼神、一个动作,就夜不能寐、辗转难眠;会因为伴侣态度冷淡的话语,不断思考是不是自己哪里做得不好;会因为小组负责的项目出了问题,认为自己的工作失职,感到愧疚不安;他们对自己要求很高,总是追求完美;对过去的错误无法释怀,经常感到后悔和自责……

健康的自省以事实为依据,反思的内容有好有坏,视角相对全面,可以看到自身的优势与不足,为下一步的自我精进锁定方向;过度自省以头脑中的想象为依据,对现实进行选择性忽略,只关注负面信息,想象负面后果,是一种不切实际的自我攻击。

英国女作家珍妮特·温特森说:"一个人不该过分自省,这会使他变得软弱。"这句话用在讨好型人格者身上,真是再贴切不过。在跟他人交往时,一旦出现矛盾冲突,他们就会无意识或下意识地思考,是不是自己哪里做错了。他们会把自己置身于卑微的境地,将每一个细节都放大,在其中找寻自己的原因。

当一个人生气时,非讨好型人格者多半会想:"他是不是遇到什么烦心事?"过度自省的讨好型人格者,却会联想到:"是不是我说错话,惹他不高兴了?"

这种思维范式充斥在生活的方方面面,甚至在跟他人微信聊天时,如果对方只是回复了一个"嗯"或"呵呵",他们都会感到隐隐不安,忍不住想:"他是不是觉得我很烦,不想再回应我了?"

当头脑中出现了这样的预设——"是不是我做错了什么"

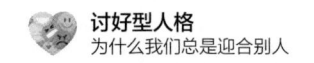

之后，紧接着他们就会不由自主地说一些迎合对方的话，或是做出一些取悦对方的行为，以此来打消内心的不安。当一个人在人际关系中长期处于讨好者的位置上，就很容易被轻视，因为讨好就是在示弱。

从本质上来看，过度自省是一种低自尊的表现。低自尊很大程度上与对自己的负面认知有关。对现实的扭曲认知会屏蔽许多积极的信息，使人坚信就是自己不够好，从而陷入焦虑不安、自暴自弃的情绪困境。讨好型人格者想要走出过度自省的旋涡，需要正确认识自己，提高自尊，提升自我价值感。

美国心理学家纳撒尼尔·布兰登在《自尊的六大支柱》中指出：自尊涉及两个方面，一是自我效能感，即在面对生活的挑战时，坚信自己有能力应对；二是自我尊重，即对自我价值的肯定，对自己的生存与幸福权利保持肯定的态度，认为自己值得拥有幸福。

布兰登博士列出了自尊的六大支柱：
1.有意识地活着。
2.自我接纳。
3.自我责任感。
4.自我肯定。
5.有目的地活着。
6.个人道德准则。

布兰登博士指出,真正的自尊不来自外部,而来自自身。低自尊很大程度上跟对自己的负面认知有关。对现实的扭曲认知会屏蔽许多积极的信息,使人坚信就是自己不够好,从而陷入焦虑不安、自暴自弃的情绪困境。

下面有一个简单可行的练习,它可以帮助讨好型人格者在自我感觉糟糕的时候,及时把自己从过度自省中拉出来。不要强求自己在短时间内就能脱胎换骨,成长是一个漫长的过程,你要坚持进行有效的练习,还要接受中途可能会出现"反复"的状况,但是最终你会在时间的推移中,慢慢感受到自尊水平的提升。

练习 客观地描述事实

讨好型人格者在受到外界刺激时(可能是真实发生的,也可能是自己想象的),如被冷落、被批评、被拒绝、事情没有做好等,就会陷入过度自省之中,认为自己不好。

下一次遇到类似的情况时,你可以试着换一种方式来处理——停止用负面的字眼评价自己,客观地描述事情本身,或是自身的行为表现、特质、思想和情感。

假设你把设计图交给了上司,对方有些迟疑,并没有当即给予反馈。看到上司的反应时,你脑海里可能立刻会出现"肯定是我做得不好""他一定觉得我能力不行"等负面评价。此时,你要提醒自己:"这些只是我的想法,不代表事实!"然后,把注意力拉回到工作上,客观地去评价你所做的设计图:

1.设计图是否符合项目所需?
2.有没有考虑不周到的地方?
3.这份设计图最突出的地方是什么?
4.下一次再做其他方案,有无可借鉴之处?

思考到这里时,你可能就会发现:即使这张设计图没有被采纳,也不代表你做得不好,更不能说明你实力欠佳,它可能是多方面因素导致的结果。不仅如此,在描述事实的过程中,你也寻找并肯定了自己的优势,感受到了自身的价值。

所以,别再过度自省了,你真的没有想象中那么糟糕!

2 "如果我……就不会……"

修正信念2
别把所有的罪责归于自己

上个月,陈璐患了严重的感冒,不得不请假三天。

虽然她没有去公司,可心里却一直记挂着工作的事。市场业务部的工作量很大,新来的两个下属对流程还不太熟悉,很多事情需要陈璐指导和把关。休病假的三天里,陈璐一直在做线上沟通,把控工作进度。碰巧的是,有一份重要的文件必须陈璐签字,她就让新来的职员小米下班时顺路把文件带过来。结果,小米在路上被一辆电动车撞了。

这件事情发生后,陈璐总觉得对不住小米。为了消除内心的愧疚,她屡次对小米做出"弥补",弄得小米很不好意思。毕竟,那次小意外也有小米自己的责任,况且她只是擦伤了点皮,并无大碍;就算不给陈璐送文件,她也得经过那条路。所以,她从来都不认为陈璐应当为这件事情承担责任,反而觉得是陈璐太自责了。

陈璐的心理状态,折射出了讨好型人格者的一种扭曲的认

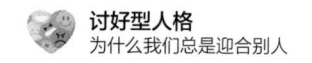

知，即总觉得某个负面事件的罪责在于自己，哪怕没有确凿的证据，哪怕这件事与他们无关，他们还是会武断地认为，事情就是和自己脱不了干系。

这种事事都认为自己不对的想法所引起的情绪，叫作"负罪感"。当负罪感产生时，当事人总觉得自己对所做的某件事或说过的某些话负有责任，觉得自己不该如此。这种情绪批判的不只是自己的行为，也批判了整个人。

"如果我……就不会……"的思维模式，是导致负罪感的重要原因。这种思维模式的危害在于，它与现实没有任何关系，只存在于主观的推理中，却严重影响自尊与自信。

为什么讨好型人格者总是陷入"都是我的错"的思维误区呢？

有一项针对美国大学生的调查：研究人员要求学生们记录一件"给他人带来巨大喜悦的事情"。结果很有意思：学生们对自我的不同看法，明显地影响到了事件的叙述。

高度自信的学生描述的情形多半是基于自己本人的能力给他人带来的快乐，而那些缺乏自信的学生记的更多是分析他人的需求，在意他人的感受，他们强调的是利他主义，而自信的学生强调的是自己的能力。

这项调查的结果提醒我们，罪责归己与自信不足有密切的关系。讨好型人格者总是把别人的需求放在第一位，忽视自己的感受，这就使他们萌生出了一种心态：一旦事情出了问题，就是自己的责任。他们还会因为没有满足他人的期待而心生愧疚。

这样的思维模式很容易让人产生自我怀疑和焦虑抑郁的情绪。因为背负着强烈的愧疚感，生活和心情都变得很沉重。不仅如此，自责还会影响自信的确立，给心灵增加负担，饱受内疚感与羞耻感的折磨。

想要摆脱"罪责归己"的思维陷阱，最重要的是增强自我意识，告别"我应该""我后悔""我不喜欢自己"的思维方式。所以，当某件事情进行得不顺利或失败时，不要把全部的责任都归咎到自己身上，你可以尝试用全新的模式来应对。

● 转移注意力

把注意力从感到自责的事情上转移，做发自内心真正喜欢的事，并全身心地投入其中。心理学家研究证实：全身心投入一件事情里，可以有效地滋养人的精力，消除人们对自己的不满情绪。比如：读一本喜欢的书，听一场美妙的音乐会，来一场有趣的旅行，全身心地投入那件事情中，尽情地享受过程。

● 客观地归责

现实中某一结果的发生，通常不是单方面原因所致，要实事求是地评价自己在各种事情中应当负的责任，不要盲目夸大自己的"破坏力"。这样可以有效地保护自信心，更好地应对挫折，摆脱焦虑、内疚、悔恨等负面情绪的困扰。

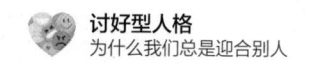

3 "很容易原谅别人，很难原谅自己"

修正信念3
你值得被自己同情和善待

"朋友失意时，我会特别耐心地安抚对方；同事工作失误，我也会主动帮他一起处理；就算自己被亲近的人伤到了，听到他们诚恳的道歉，我也可以很快就把这件事情放下。"

"然而，当同样的情形发生在我自己身上时，我就像变了一个人。我变得小气、狭隘、苛刻，无法用宽容的姿态面对自己，更多的时候，我都是沉溺在难以原谅自己的痛苦中。"

这是来访者Linda面临的心理困扰，她对周围人很友好，也很宽容，可是对自己却格外苛刻，内心充满了自责与批判。在现实生活中，讨好型人格者很容易遇到这样的问题，那么这种"双标"的心理现象是怎么产生的呢？

人类的大脑中存在"默认模式网络"，英文简称DMN。在静息状态下，DMN仍然持续进行着某些功能活动。DMN

有三个主要功能：形成自我意识；关心他人；回顾过去、思考未来。

当大脑专注于某件事情时，DMN是不活跃的；当大脑处于走神的状态时，DMN会特别活跃。这个时候，DMN就会产生一种个体行为模式——负向自我对话，其表现就是脑子里"被动地"产生一些负面想法，如"我怎么这么笨""我犯了不该犯的错误"。

这些负面想法很容易让人陷入消极思维的旋涡，认为自己不够好、不够优秀、不够有价值，并试图利用外在的成功去弥补这些"不足"。然而，当设立的目标达成之后，自我批评并不会停止。人们倾向于设定更高的目标，你还是觉得自己不够好；如果没有达成目标，就会陷入无尽的自我批判与自责中。❶

现在，请你想象一下：如果是一个朋友跟你分享自己的失败经历，你会对他说些什么？我相信，有99%的概率，你会给予对方共情、支持和鼓励。既然你有能力成为一个关怀者与支持者，那么你也该学会像善待朋友一样善待自己，在没能把事情做好或是做错事的情况下，学会自我同情。

自我同情的概念，由心理学家克里斯廷·内夫提出，是指个

---

❶ 《为什么我们对他人很宽容，对自己却很苛刻？》，作者psychouser，微信公众号"北京心舍"，2023年5月4日。

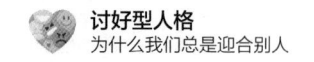

体对自我的一种态度导向，在自己遭遇不顺时，能理解并接受自己的处境，并以一种友好且充满善意的方式来看待自我和世界。

概括来说，自我同情通常包含三个部分：

➡ **不评判**

自我同情，可以让我们用一种"不评判"的态度来对待自己，既不刻意压抑情绪，也不过分夸大情绪，这能够帮助我们比较平静地接纳痛苦的想法和情绪。

➡ **自我友善**

自我友善，意味着用温暖包容的态度理解自己的不足与失败，就像对待陷入困境中的朋友一样，而不是一味地谴责、批评。

➡ **共同人性**

共同人性，就是在面对不幸的事情时，告诉自己："生命的每一刻都会发生数以千计的失误，很多人会遇到不幸的事，我并不是唯一的不幸者。"把自己的失败和痛苦体验当成人类普遍经验的一部分，可以帮助我们不被自己的痛苦所孤立和隔离。

在过往的经历中，讨好型人格者更多的是在迎合他人、取悦他人，很少关注自我。所以，自我同情对他们而言是一个相对陌生的事物，甚至是从未有过的体验。没关系，我们要用成长型的思维看待自己——过去不具备的能力，可以通过学习慢慢掌握。

在日常生活中，讨好型人格者该如何培养自我同情的能力呢？

Step 1：及时觉察

自我反省和自我批评是成长进步的必经之路，一定的负面想法也可以帮助我们调整自己的行为，但是不加怜悯的诚实是一种残酷，带来的往往是挫败感。所以，当那些批判和否定自我的念头冒出来时，要及时地觉察，这是改变的开始。

Step 2：全然接纳

当你觉察到那些胡思乱想、自我批判的念头时，强迫这些想法停下来是很困难的，它们会不受控制地在你的脑海里翻腾。要记住一点，没有不应该产生的想法，哪怕它们让你感到很难受、很痛苦。试着在脑海里，给所有不安的想法一个栖身之所，让它们静静地待在那里，允许并接受它们存在。

Step 3：积极暗示

做到了前两项之后，试着告诉自己："这的确是很艰难的时刻，可艰难也是生命的一部分，我已经做到了我所能做的最好的样子。"这些积极的自我暗示，会让你对自己有更好的感受，并获得面对问题、解决问题与继续前行的勇气。

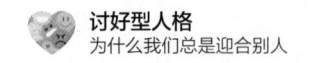

4 "做不到完美,就会觉得自己很糟糕"

修正信念4
约束自己≠苛责自己

早上7点半,莎莎关掉闹铃,不情愿地从床上爬了起来。

在此之前,她已经让闹铃延迟了3次!现在,她不得不起床了,再躺下去就要迟到了。她没有时间进行晨练,哪怕是简短的10分钟训练,也不可能完成了。

莎莎打开衣柜,翻找今天要穿的衣服。她想穿那件白色的衬衫,可怎么都找不到。正在闹心之际,她忽然想起来,那件衣服还在洗衣机里,前天脱下来忘了洗。

洗漱完毕后,已经快8点钟了,没有时间吃早饭了。下了地铁之后,莎莎觉得很饿,刚好地铁周边有一家面包房,她点了一个肉松面包,还有一杯拿铁,花了32元。

终于踩着点来到了公司,坐在工位上的莎莎,并未感到轻松,反而心情很沉重。她不喜欢这样的状态,像是热锅上的蚂蚁。她希望自己可以按时起床、运动、洗衣服、控制预算、吃健康的食物,这样她能拥有健康的身体,保持充沛的精力,还能实现理财计划。此时此刻，她为自己没有控制住花销和执行控糖计划感到沮丧和自责，认为自己很不自律、很差劲！

为了保持身体健康和精力充沛，遵从自己的价值观生活，妥当安排自己的饮食习惯、消费习惯，可以给人带来秩序感和确定感。然而，这并不是一件容易的事，每个人都在某种程度上存在自我管理的困扰。罗曼·格尔佩林在《动机心理学》里说过："不管意识层面的企图是什么，我们的内心都有一些反面的力量，在不断推动、诱惑甚至决定我们的行为，哪怕我们曾有意识地去抵抗这些力量。"

研究大脑行为的科学家指出，大脑天生会被惰性的行为吸引。换言之，大脑天生就是懒惰的，完全禁不住诱惑。这就使得，很多时候我们制订了完美的计划，却无法完美地执行。

讨好型人格者很早就学会了揣摩他人的意思，为了获得他人的认可与赞赏，会努力让自己做到100分。久而久之，他们产生了完美主义的情结。他们对自身的期望很高，只是这些期望经常是脱离实际的。试图把事情做到极致的讨好型人格者，内心大都存在这样的想法：我的价值源于我的成就；犯错是能力不足的表现；努力的结果只有成功或失败，不存在足够好的状态；没有十足把握的事情不能做……

这些走样的信条，可以总结成一个通用的公式：自我价值=能力=表现。

讨好型人格
为什么我们总是迎合别人

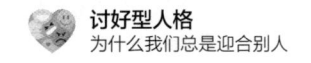

如果执行得很完美，就证明自己很自律，"我"是一个优秀的人；如果表现得不好，就证明自己不够自律，"我"是一个糟糕的人。当自我管理成为自我价值感的唯一衡量因素时，就出现了一个错误的逻辑：做得完美证明"我"很出色，做得不好证明"我"很差劲。

由于讨好型人格者给自己设定了一堆超高的标准，并用这些高标准来评判自己的行为，所以他们不得不面对挫败。更糟糕的是，高标准与低自尊总是相互强化。达不到高标准，会对自己感到失望，对自己产生负面的评价；达到了高标准，也无法确定别人究竟是喜欢自己这个人，还是喜欢自己的表现，只能继续维持甚至提高原有的标准。结果可想而知，不是疲惫不堪就是自我否定，简直就是一个恶性循环。

自律没有错，每个人都应当在言行上有所约束，但自我约束不等于自我苛责。

对于一直用高标准来要求自己的讨好型人格者来说，适当地降低自我要求，就是自我救赎之路。当你钻了牛角尖，为某些瑕疵纠结时；当你对某件事物感到恐惧和不自信时，你都要及时告诉自己："没关系，谁都不是完美的。"万物有裂痕，光从痕中生，放下对完美的执念，便是自由的开始。

5 "总是忍不住回想自己做过的蠢事"

修正信念5
停止反刍,走出痛苦的循环

依子因情感问题走进心理咨询室,她和男朋友分手之后,每天都沉浸在失恋的痛苦中。她很想走出这种状态,可是睁眼闭眼全是对方的影子,以及过往相处时的点点滴滴。

依子非常自责,她说:"我没有安全感,和他在一起时总是不停地'作',是我亲手毁了这段关系,是我把他'推开'的。我真的很痛苦,现在已经没办法集中精力工作了,就连洗澡、收拾房间这样的小事都做不到。我每天都在想这件事,越想越难受,越想越恨我自己。"

依子的痛苦是真实的,但这份痛苦有一半是失恋所致,另一半则来自反刍思维。

反刍思维,就是不断地回想和思考负面事件与负面情绪。

当一个人过度关注痛苦的经验以及事物的消极面时,不仅会产生严重的负面情绪,还会扭曲认知,以更加消极的眼光去

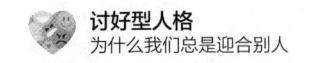

看待生活，从而感到无助和绝望。如果没有正确的引导，时间长了，很容易发展成抑郁症。

讨好型人格者经常会沉溺于过去的错误与失误中，仿佛自己就是一个"失败者"，什么时候想起来都会感到懊恼。这种反刍思维会严重消耗个体的精神能力，削弱其注意力、积极性、主动性以及解决问题的能力。

反刍让人在负面情绪中饱受煎熬，直至精力消耗殆尽，以更加消极、片面的眼光看待一切。想要避免陷入抑郁情绪，或早日从抑郁情绪中走出来，及时叫停反刍思维至关重要。那么，该如何打破反刍的循环，减少它对自己的伤害呢？

打破反刍循环的方法，主要有以下几种：

● 分散注意力

沉浸在反复回忆痛苦的反刍中时，提醒自己"不要去想"是无效的，且大量的实验证明，努力抑制不必要的想法还可能引起反弹效应，让人不由自主地重复想起那些原本尽力在逃避的东西。事实上，与拼命的压制相比，更为有效的办法是分散注意力。

相关研究显示，通过去做自己感兴趣或需要集中精力完成的任务来分散注意力，如有氧运动、拼图、数独游戏等，可以有效地扰乱反刍思维，并有助于恢复思维的质量，提高解决问题的能力。所以，不妨创建一张对自己有效的分散注意力的事件清单，在发现自己陷入反刍中时，立刻去做这些事，阻断反刍。

➲ 切换看问题的视角

为了研究人们对痛苦感觉和体验的自我反思过程,科学家们试图找出有益的反省与消极的反刍之间的区别,结果发现:人们对痛苦经历的不同反应,与看待问题的角度有直接关系。

在分析痛苦的经历时,人们倾向于从自我沉浸的视角出发,即以第一人称的视角去看问题,重播事情发生的经过,让情绪强度达到与事件发生时相似的水平。当研究人员要求被试从自我疏离的角度,即第三人称的角度去看待他们的痛苦经历时,他们会重建对自身体验的理解,以全新的方式去解读整个事件,并得出不一样的结论。由此可见,切换看待问题的视角,从心理上拉开与自我的距离,有助于跳出反刍思维。

在实践这一方法时,你不妨这样做:选择一个舒服的姿势,闭上眼睛回忆当时的情景,把镜头拉远一点,看到自己所处的场景。当你看到自己的时候,再次把镜头拉远,以便看到更大的背景,假装你是一个陌生人,正在路过事件发生的现场。确保每次思考这件事时,都使用同样的场景。这样做,有助于减少生理应激反应。

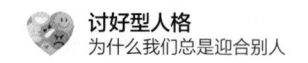

6 "怎样才算是无条件的自爱？"

修正信念6
你要允许自己不够好

在咨询室里，我接触过各种各样的来访者，也听到过不尽相同的人生际遇。当他们鼓起勇气去探索自我，对内心的困惑进行深度剖析时，我看到了一个事实：许多内心问题的根源，是一种近乎偏执严苛的自我要求。"我要变得优秀""我不能犯错""我要比周围的人过得更好"……为了达到这些标准，有的人偏执，有的人焦虑，有的人抑郁，有的人分裂。

讨好型人格者的内心深处有一个错误的信念，就是认为自己不够好、不值得被爱，所以他们会拼命地隐藏真实的自我，努力呈现出他人期待的样子，并用严苛的标准要求自己。一旦达不到这些评判标准，他们就会感到痛苦，不喜欢现实中的自己。外在的评判标准，也很容易让讨好型人格者陷入与他人的盲目比较中，一旦有人在某些方面优于他们，而他们又无法改变现状，就会产生自我怀疑和自我否定。

人生最重要的关系，是自己与自己的关系。讨好型人格者的焦虑、愧疚、自卑、懦弱，不是源于他们不够好，而是因为他们内心住着一个严厉苛刻的批判者，不停地对他们进行挑剔和指责。"你不够聪明""你能力不足""你不漂亮""你胆子太小"……认同了这些话，就会持续地吸引他人强化这些声音，让他们进一步感到自惭形秽。

当一个人总是怀疑自己、否定自己时，生活中的一切都会受到负面的影响。住在心里的那个"批判家"，时刻准备抓住你的失误和弱点，而后作出严厉的批评，让你陷入痛苦的情绪中，对自己感到失望。反之，如果能够无视或在必要时反驳这个"批判家"，完全地接受自己，认为自己是值得被爱的、有用的、乐观的，那么无论自己有多少缺陷，曾经犯过多少错，都可以平静坦然地接受，没有丝毫抵触与怨恨。

那么，怎样才算是接纳自己，又该如何去做呢？

<u>接纳自己，是指接纳真实的自己——那个不够好的自己。你需要认识到，不是所有的改变都可以达到外界的评判标准，每个人都有局限性，有些事情就是无法改变的，比如：令你不满意的身高、身材比例等，要承认并接纳这一事实。</u>

你可能觉得不可思议，明明不喜欢那些缺陷，为什么要接受，又怎么接受呢？

你要承认，镜子里的那个形象就是你真实的模样，接受它，会让你感觉舒服一点。你身体上的某些部位可能符合你的完美标准，而有些部分则不太符合你的理想。对此，不要逃

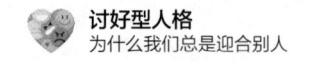

避，也不要抵触和否认，尝试放弃大众标准——众人眼里、口中的"好"，转而用自己的标准来看待自己、接受自己、肯定自己。

接纳自己，就是接纳自己本来的样子，允许自己不够好，有做不到或做不好的时候，同时也肯定自己的长处，相信自己的潜能，看到自己的努力。说得再直白一点，不嫌弃现在的自己，在可以精进的地方付出努力，就是成长，也是爱自己的表现。

Part 7

别再围着他人转，你不亏欠任何人

——以自我为轴心去生活

在过去的很多年里，可能你一直围绕着别人转，花了大量的时间和精力关注别人想要什么、喜欢什么，努力满足他人的需求和期待，从未按照自己的价值观活过。这不是你的错，你只是被过往的经验和一些错误的信念困住了，现在你可以打破它们，以自我为轴心去生活。仅有一次的人生，就要酣畅淋漓地活！

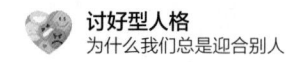

1 把他人的评价当成一块石头

重启人生1
过去你被它绊倒,现在你把它踩在脚下

讨好型人格者过分看重别人对自己的评价,这是他们的一个人格弱点,也是诱发消极情绪的一大原因。正如三毛所言:"我们不肯探索自己本身的价值,我们过分看重他人在自己生命里的参与。于是,孤独不再美好,失去了他人,我们惶惑不安。"

他人的评价,有时可以帮助我们认识自己,但这并不代表他人的评价都是正确的。若是不懂得分辨,将其中那些否定自己、怀疑自己的话视为真理预言,无异于沦为了他人的傀儡。

既是他人的评价,就意味着发声者是基于他的立场、他的经验,以及他对我们所做之事的看法,不总是客观事实。面对复杂的、多样化的评价,甚至是人身攻击时,正确地看待它们是一件至关重要的事,因为它会影响我们当下的情绪,乃至往后的人生。

美国女演员索尼娅·史密茨，读书时曾经被班里的一个女孩子嘲笑长相丑陋，跑步姿势很难看。索尼娅很受伤，回家后在父亲跟前大哭一场。父亲听后，并没有安慰她"你很好看，跑步的姿势也不差"，而是跟索尼娅开玩笑说："我可以够得着家里的天花板。"

索尼娅有些沮丧，她没有得到想要的回应，更不知道父亲为什么要把话题扯到天花板上，要知道，天花板有4米高，普通人怎么可能够得着呢？见她不解，父亲问道："你不相信，是吗？"索尼娅点点头。父亲接着说："这就对了！所以，你也不要相信那个女孩子说的话！要知道，不是每个人说的话都是事实。"

索尼娅应该很庆幸，有一位风趣又睿智的父亲。父亲的提醒，让她没有听信同学对自己的恶意评价。否则的话，多年后的她一定没有勇气自信地站在镜头前，尽其所能地饰演角色。更可能发生的情形是，她会在很多场合中不断地暗示自己："我不好看，动作也不协调……"

<u>人生的舞台很大，会有各种角色蹦出，也会有不同的声音涌现。可是，无论怎样，我们都要记住，这场戏的导演始终是自己。他人的评价就像一块石头，你可以被它绊倒，也可以把它踩在脚下，选择权在自己手里。</u>

如果你想把它踩在脚下，下面这几点建议可能会对讨好型人格者有所帮助：

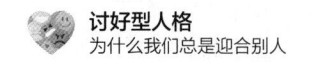

➡ 把他人的观点与自我价值区分开

无论别人说什么,都只是他们对事情的主观看法,并不是真理和事实,也并非不可改变。你认为有道理的就听取,认为不对的就一笑而过。至于那些企图支配你的人,你要坚定一个观点:你的意见跟我没有关系。不必依照他人的感情确定自己的价值,也不必去费心解释和反驳,有些事越解释越纠缠不清,最终都是徒劳。

➡ 不要指望所有人都能够理解自己

人的思想、修养、经历各不相同,任何人都不可能对他人的言行完全做到感同身受,就连我们自己也一样,会对某些人的某些举止感到疑惑不解。如果每件事都要得到他人的理解之后再去做,那么人生的很多时光和机会恐怕都会错过。

➡ 在"不想被讨厌"与"是否被讨厌"之间划清界限

没有人希望被人讨厌,或是故意招人讨厌,这是人的本能倾向。但生活不可能尽如人意——让我们在自由地成为自己和满足他人的期待之间实现完美的平衡。很多时候,我们需要作出选择:要过被所有人喜欢的人生,还是过有人讨厌自己却活得自由的人生?是更在意别人如何看待自己,还是更关心自己的真实感受?

选择自己感兴趣的职业,坚持自己认可的不婚主义,拒绝令自己感到为难的请求，这些都是自己的课题，我们该做的是诚实地面对自己的人生，正确处理自己的课题。至于父母对自己所选的职业是否满意，周围人怎样看待不婚主义者，被拒绝的人会不会对自己心生嫌隙，那都是别人的课题，我们无法左右，更无法强迫他人接受我们的思想言行。

"不想被讨厌"是自己的事，"是否被讨厌"是别人的事。当你学会在两件事之间划清界限——虽不想被人讨厌，可即使被人讨厌也能接受，你在人际关系中就会变得轻松和自在，不会轻易为了他人的看法而压抑自己、委曲求全。

讨好型人格
为什么我们总是迎合别人

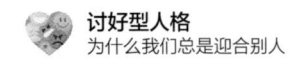

2 不要再把命运之绳交给任何人

重启人生2
拥有一个你说了算的人生

梅克是华尔街的操盘手，帮人代理投资和操作股票有十几年了，经验非常丰富。他很了解那些股民是如何犯下致命错误的，那就是在重要的问题上把决策权拱手让人，从而完全受制于人。

在梅克看来，投资者必须十分了解自己和自己的系统，这是至关重要的事。他说："为什么多数的股民基本作不出良好的交易决策呢？为什么他们在听到错误的引导意见时不懂得拒绝，反倒是兴高采烈地跳进火坑呢？事实上，就是因为他们完全不了解自己，不了解市场，选择了非常笨拙的策略。"

梅克谈到一位"超级股民"时，笑着说道："我之所以把罗迪先生称为'超级股民'，是因为他是公司的大金主，每年委托我管理的资金有几千万美元，可他对投资市场一窍不通。我们都喜欢他，因为他太容易说服了。面对一个投资意向，一支走势不明的新股票，他总是随便地一挥手，就说'你来帮我

决定吧!'

"罗迪在波士顿经营着一家PVC制品工厂,年利润丰厚。他把所有的闲钱都交给了我,购买基金、股票等一切可能盈利的理财产品,但不是每一次投资都赚钱,真正能够赚钱的理财产品不足三分之一。可是,罗迪并没有自己的主意,他总是问'要把钱拿出来吗?这么重要的决定,一定要专业人士来做,我相信他们。'

"他相信我,这是他的致命失误。他没有考虑到一个严重的问题,是否作出继续投资的决定,不能由这笔钱的受益方来决定,而是要他自己来选择。可问题是,罗迪缺乏投资头脑,他意识不到自己已经违反了投资原则。"

为什么有人会把重要的事情交给其他人来作决策呢?

最根本的原因就是不了解自己,不信任自己,能力也不足,总觉得别人比自己更有能力作出"对"的选择。对讨好型人格者来说,如果想在拒绝他人时底气十足,掌控自己的人生,就要不断提升自身的能力。当你足够了解自己,有充足的知识储备,并掌握了正确的方法时,即便有人企图用错误的计划诱导你失败,你也可以迅速地避开,让他不敢再尝试第二次。

<u>从某种意义上来说,把重大的决定权交给别人,是对自己人生价值的漠视。</u>

张楚在面对人生的选择时,经常会陷入纠结和矛盾:是该听从父母的意愿从事他们希望我做的工作,还是遵从内心,按照自己的兴趣来选择?是该趁年轻到外面去闯一闯,还是留在小城里平淡地度过余生?是该听从家人的意见,选择他们认为条件不错的那个人,还是应该不将就,等着那个自己真正喜欢的人?

她不敢轻易作决定,甚至害怕自己作决定,担心会因为自己的选择伤害最亲最近的人,也担心拒绝了他们的意见会让自己"吃亏"。在这样的处境之下,张楚往往会把决策权让给别人。她潜意识里的想法就是,"不是我自己作的选择,也就不必对结果负责"。

在这种思维的束缚之下,张楚不仅在人生大事上不敢自己做主,在许多小事上也要征求别人的意见,比如:选择什么颜色的窗帘、什么款式的衣服、剪什么样的发型等。她总是很难独立地作决定,总是习惯性地问别人该选哪一个。有时,对方给出的意见并不是她特别认同和满意的,但仍有一种无形的力量驱使着她听从对方的意见。

马斯洛认为,一个完全健康的人必备的一项特质就是,充分的自主性和独立性。

不能独立地作决定并不是一件小事,它意味着无法操控自己和把握自己的命运。在过去的岁月里,如果你一直畏惧自己作决定,太过依赖他人的意见,甚至不敢拒绝他人的建议,那么从现在开始，请你学会使用下面的方法，帮助自己培养独立决策的能力。

● 分析利弊

找一张白纸，在纸的正反两面，分别写出作决策产生的最大好处和最大坏处。写完之后对比一下，你会发现，决策很简单。

● 向内发问

作决定之前，你不妨问问自己：作了这个决定后，我会不会成为自己希望的那个人？会不会得到自己渴望的那份好处？作了这个决定，是否更贴近"理想中的我"？如果答案是肯定的，那就果断一点，不要再犹豫。

● 提升自我

平日里多提升自我，建立充分的自信心，有足够的能力和自信是克服优柔寡断、唯唯诺诺的根本保证。偶尔，你可以尝试把自己置于一个"孤立无援"的绝境，用自强的勇气和自信的力量去引导自己。

总而言之，遇事不要等别人拿主意，更不要一味听信他人的意见，要学会独立思考，自己决断。命运在你自己手里，不要让自己的命运之绳由别人牵着，后果却由你来承担。

3 努力赚钱不可耻，更不是虚荣拜金

重启人生3
正视欲望，对财富说"是"

自媒体圈的一位朋友，曾跟我吐露她在运营公众号过程中遇到的纠结。

她的文笔很好，想法独到，有好几次看到她的推文，我都感到震撼，分析的视角太独特了。由于更新频繁，又总能有出人意料的好文，她的公众号粉丝增长得很快，且阅读量也越来越高，有不少文章被大号转载。

公众号做得好，广告商也嗅着味道找到她。她并不是什么广告都接，害怕伤到读者，在精挑细选之后，推荐了一款日用品，也拿到了自己的第一笔广告费。这原本是一件好事，可还没顾得上开心，就遭到了一大群粉丝的不满和谴责。

"没想到，你也开始接广告了，失望。"

"本以为你不食烟火，原来都是假象，最终还是没禁得住铜臭的诱惑。"

"取关了，初心也不过如此，还有什么值得相信？"

看到这些留言,她心里五味杂陈。我问她,到底是什么感受?她说了几个词语:委屈、愤怒、焦虑、憎恶……我相信,这些都是她最真实的情绪和感受,但之后她又说了一句:"我还有一点内疚,好像自己做错了什么。"

"做错什么了呢?"我继续往下问,希望她能更多地向内探索出一些东西。她思考了一会儿,带着不太确定的表情,缓缓地说:"好像是,我就应该老老实实地写文,把有价值的想法传递出来,不应该和钱扯上关系。似乎,'赚钱'这个想法在这里是不该有的。"

我提醒她深入地思考一下,为什么会认为在运营自媒体这件事情上,不应该有赚钱的想法,这种想法从何而来?她说:"这个问题有点儿复杂,我需要认真想想……当下的我,就是觉得写文是一件发自内心的喜好,有那么多人欣赏我的生活态度,我很害怕因为钱的问题,被贴上'庸俗'的标签。"

其实,很多人的内心存在类似的挣扎,这与长期以来的世俗观念有关——要做一个与世无争的人,不能金钱至上,野心和欲望会让人迷失自我。久而久之,潜意识里就形成了一个固有的信念——对金钱有欲望是一件"不好"的事。

我的这位自媒体朋友,无论是文风还是性格,都给粉丝留下了知性的印象。粉丝们认为她有生活情趣,思想超脱,而她也被困在了这样的"人设"里。为了保持知性、淡然的形象,她不敢

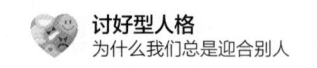

正视自己对金钱的欲望,害怕别人说她"庸俗""拜金"。

实际上,无论是接广告、赚流量费,还是主动带货,都是再正常不过的事。做自媒体不是做公益活动,能接到广告说明有实力,能靠做喜欢的事情赚钱是本事,把自己的知识和能力变现,有什么可羞耻的呢?

有人不敢正视对金钱的欲望,总把钱与人性的阴暗面联系在一起;有人对性的问题心存芥蒂,哪怕夫妻生活不太理想,也不敢表达出自己的感受,总觉得有这样的欲望是羞耻的。

生而为人,对金钱有欲望,对性心存期待,真的是罪恶吗?不,这些都是正常的需求!就像饿了想吃东西、渴了想喝水、累了想休息、孤单了想有人陪伴一样,如果你从未因为这些需求指责自己说"不该如此",那么也不要用有色眼镜去看待金钱和性。

<u>欲望是人与生俱来的正常反应,没有对错之分,错的是因为欲望而做出危害他人的行为。</u>

物质与精神生活都需要金钱和物质的支撑。对一个按时更新、持续输出的自媒体人来说,粉丝阅读到的每一篇文章背后,都藏着不为人知的付出。她要在生活中阅读大量的书籍,积极地寻找并发现素材,要构思文章的题目和框架,要静下心来去撰写并修订,写好后精心排版选图,最后呈现给读者走心的内容……这些付出,难道就应该是免费的吗?

无论是专职还是兼职的写作者，都需要一日三餐、缴纳房租、偿还贷款、养家糊口，他们也背负着生活的重担。对于这样一个倾注大量心血、时间、精力的撰稿人，指责她在公众号接广告，鄙视她赚取广告费用的行为，是不是一种残忍呢？

公众号接广告是为赚钱，可是靠自己的劳动和知识赚钱不可耻；想要给自己和家人更好的生活，努力地靠自身才学，靠经营内容来赚钱也不可耻。喜欢钱不是罪恶，不偷、不抢、不违法伤人，更无须背负内疚。

人活一世，时时刻刻都会对一些东西产生欲望，这是人性中的一部分，不用去鄙视它，也不用去厌恶它。欲望本身只是欲望，并不代表什么。我们都可以喜欢金钱，但不代表我们会成为唯利是图的人，会为了金钱不择手段。

金钱和欲望不是贬义词，而是中性词，不带有任何的道德属性；如何获取它、使用它，才能最终决定它的性质。不要再去诋毁、压制、憎恶内心的欲望，请选择正视和接纳，并为实现合理的欲望付出努力。金钱可以让一个没有安全感的人变得有安全感，让一个有安全感的人变得更放松。只要靠自己的能力赚钱，只要问心无愧，你完全可以大大方方地谈钱，心口合一地去努力挣钱。

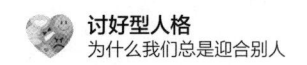

4 我就是我，是颜色不一样的烟火

重启人生4
你可以和多数人不一样

"为什么我和别人不一样？"
"为什么你要和别人一样呢？"

如果你看过泰国的潘婷洗发水广告，一定记得这两句颇有深意的台词。

对小提琴情有独钟的听障女孩，深受街头小提琴卖艺老人的鼓舞，报了音乐培训班，结果遭到了所有同学的奚落。残酷的现实把女孩的梦想击得粉碎。在回家的路上，女孩再次遇到老人，她哭着问老人，"为什么我和别人不一样？"老人反问她，"为什么你要和别人一样呢？"音乐是有生命的，闭上眼睛用心去感受，就能看见。

女孩放下了所有的顾虑，迎着众多轻蔑的目光，心无旁骛地练琴。多年后，在一次青年古典音乐大赛上，女孩以一首

《卡农》震惊了在场的所有人。那一刻，回想起以往的苦难与屈辱，她已是云淡风轻。

走出这段广告，联想到现实生活，再重新品味那两句台词，感慨颇多。

讨好型人格者情感细腻、直觉敏锐，遇到事情容易多思，也经常会蹦出和别人不一样的想法。可是，这些想法大都停留在脑海里，不敢表现出来，害怕遭人非议和否定。他们不是没有能力，也不是缺少机会，只是从一开始就在内心给自己设置了太多的约束，不敢打破世俗的规则，不敢遵循内心真正的声音去抉择，不敢迈出"非常规"的第一步。

他们害怕，当自己和别人不一样时，就意味着"我是另类"，我的言行举止都很"扎眼"。游离在大多数人之外，注定要承受外界的舆论非议和异样的目光，自己的一切都可能被当成茶余饭后的谈资。他们不愿背负额外的压力，情愿或被迫地选择了"和别人一样"。

他们选择了和别人一样，进入了大多数人的"圈子"，迎合着他人的期待，讨好着世俗的标准，过着身不由己的日子；为了赢得别人的好感，他们总是委屈自己，违背真实的心声。可是，随着时间的推移，他们逐渐意识到，这条路越走越迷茫，越走越找不到动力和理由，除了疲惫、憋屈、厌烦，所剩无几。终于有一天，他们想要发出自己真实的声音了，可猛然发现，竟然没有人在意自己、理解自己、接纳自己。

讨好型人格
为什么我们总是迎合别人

既然讨好无用，何不换个思路去想想：为什么非要和别人一样呢？

金正勋在《不谄媚的人生》里说过："生活每天都充斥着各种各样的选择，最可怕的是不知不觉中已然放弃了对自己、对生活的警醒和觉察，任由别人灌输的信念和过去的惯性来支配自己的生活。人生最悲凉的笑话，莫过于用尽毕生努力成功地成为别人。人只有一辈子，为自己而活才是最大的奢侈。"

你的生命是独一无二的，你可以有自己的想法，你有权选择自己喜欢的生活方式。一辈子，三万天，可以不是轰轰烈烈，却一定要丰富多彩；可以不求功成名就，却一定要有所追求。在有限的生命里，让自己活得美好、舒适、无悔，其实比获得名利财富更有意义。

未来的日子里，愿你可以坦然地做自己，不从众，不违心，活出不可复制的人生。

5　生活是养自己的心，不是养别人的眼

重启人生5
别人怎么看，和你没关系

日本小说家山本文绪说："一个人心里会不安，其实是更介意别人的目光。"

这句话想必会戳中讨好型人格者的心。他们特别在意自己在别人心中的形象，把世人所珍视的美好品质及认可视为自己的行事标准，做到了就心安，做不到就自责。

苏睿在一家公司做业务代表，因为销售工作存在激烈的竞争，偶尔还会牵扯到利益的冲突，难免会与周围人出现关系紧张的状况。每次遇到这样的事，苏睿就感觉心神不宁，没办法正常工作，甚至想要"一走了之"。

这种性格与苏睿的成长环境有关。他的父亲非常严厉，对他从小管教严格。小时候，他在各个方面都努力做到让父母满意，但偶尔情绪还是会影响能力的发挥。当他没有做到最好的时候，父亲就会指责他说："你是怎么回事？我看你就是没用

心!"然而,为了虚荣和面子,父亲还是会在别人面前夸奖苏睿,说:"这孩子挺自觉的,学习上不需要怎么操心,成绩一直都是班里的前三名。"

渐渐地,苏睿在潜意识里接受了父亲的信念:"如果我做得不好,别人就会否定我,指责我,嘲笑我。"于是,取悦别人成了他生活的"潜规则"。苏睿过得很辛苦,为了避免被人苛责和否定,他极力地维护与他人的关系,甚至会做一些违背自己意愿的事来博得别人的好感和信任。唯有别人对他非常信任、非常认同,他才觉得踏实,才能在对方面前感到自然。

即使苏睿百般讨好,仍然会有跟他人关系紧张的时候,还是那句话:"你不可能让所有人都满意。"当别人对苏睿提出不满,批评指责他的时候,他会觉得特别难受,也特别想逃离眼前的处境,逃离那些指责他不好的人。

当局者迷,旁观者清。苏睿的问题并不在于周围的环境和人际关系,而在于他给自己设的局。一直以来,他认为如果不取悦他人,不让他人觉得自己好,就会遭受苛责。

其实,真有那么多人在意他吗?就算别人说了一句负面的话,真的代表对方否定了苏睿所有的长处吗?能说明苏睿不好吗?即使别人远离了他,又能够证明什么呢?任何一个人都不敢说,自己可以跟所有人成为朋友。远近亲疏都是人际关系中的常态,能不能成为朋友是多方面因素决定的,而非完全取决于你个人的优秀与否。

说来说去，还是因为苏睿太在意别人的看法了。不管遇到什么事，他先想到的不是"我该怎么做"，而是"别人怎么看"。在选择处理办法的时候，他先考虑的是"别人的想法"，而不是"对自己有利的办法"。

如果你也饱受着这样的煎熬，那么是时候摒弃过去的思维习惯和生活方式了。别忘了，嘴巴是别人的，人生是自己的，道路还是要靠你自己走下去。不要说妄自猜想别人是不是对自己有不满，即使真的遭受了旁人无情的冷落、批评、否定和排挤，也不意味着你真的那么不堪。你越是在意别人的评价，就越会对自己没信心；你越是在意别人怎么想，就越容易让自己的缺点变成负担。了解别人的想法，不过是交流沟通的一个心理过程，没有它，人会变得刚愎自用；但如果太在意，就会失去对自我和生活的把控。

更何况，太在意别人的看法，用别人的肯定来约束自己的生活，会给心理造成巨大的压力。你会无时无刻要求自己保持某一个固定的形象，要求自己把事情做到无可挑剔，因为你害怕别人看到你的缺点和疏失，然后以此为说辞来否定你。慢慢地，你做人做事都会放不开手脚，失去积极主动的活力，连创意和主动性都会消失。

美国科学家费曼有一个活泼开朗的妻子，他给她起了一个亲昵的称谓叫"猫咪"。妻子平日里喜欢搞一些新奇的东西，为他们的生活增添了不少情趣。费曼在普林斯顿时，有一天收

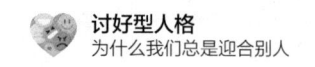

到了妻子寄来的一盒铅笔，上面写着金色的字："查理！我爱你。猫咪。"

费曼很喜欢这份礼物，可这一句亲昵的话……如果在跟教授朋友们讨论问题时，不小心让他们看到了，别人会怎么想呢？索性，费曼就把铅笔上的字刮掉了。

第二天，费曼又收到了妻子的来信。信的开头写道："想把铅笔上的名字刮掉吗？这算什么？难道你不以拥有我的爱为荣吗？"接着，她用很大的字体写道："你管别人怎么想！"

这番话打动了费曼。后来，他写了一本书，记述他们多年来的生活以及自己在科学上的重大突破，书名就叫《你干吗在乎别人怎么想？》。

这些故事，无非在提醒和告诫我们：不要太在意别人怎么想，也不要因为别人的评议而做一个不真实的自己。有人的地方就有口舌是非，就有意见和批评。时刻都想着别人的看法，只会越活越痛苦，越活越没有自我。把目光从别人的身上转移开来，不要把自己看得太重要，也不要猜想别人会怎么看自己。顺其自然地做自己，不再奢望得到别人的好评，不再逃避别人的否定和苛责，才会感到轻松和舒服。

6 善待自己，觉知自己的感受与需求

重启人生6
留一点时间自我疗愈

37岁的C女士，在一家公司做行政主管，每天要处理大量的事务，有时忙碌起来都无暇喝水。走出职场，回到家中，她又要扛起妻子和母亲的重任。晚饭过后，一边整理家务，一边盯着孩子做功课，几乎天天如此。好不容易到了周末，又要带孩子上课外班，还得抽出半天时间去照顾卧病在床的父亲。

这种连轴转的状态，让C女士感到身心俱疲，情绪也是反复无常。特别是在辅导孩子的时候，她经常难以自控地发脾气。C女士知道，再这样下去会影响亲子关系，可一时间又处理不好这个问题。几经考虑，她选择求助心理咨询师，希望能够帮助自己控制情绪。

经过几次深谈之后，咨询师发现，C女士的问题不是缺少育儿方法，而是精力、体力严重透支。咨询师问C女士："如果给你半天的空闲时间，你最想做什么呢？"C女士叹了口气，说道："我呀，就想安静地喝一杯咖啡，什么都不

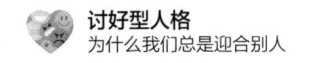

想做。"

那天的咨询结束后,咨询师给C女士布置了一项"家庭作业",让她下周安排半天时间去喝一杯咖啡,C女士点头应允。可是,再来咨询时,C女士却惭愧地告诉咨询师,她没有完成这项"家庭作业"。

C女士原本计划周日下午去咖啡厅小坐,可是走到半路,她忽然觉得有一种"愧疚感",认为自己太自私了,只顾着自己去享受惬意的咖啡时光,而不去伺候瘫痪在床的父亲。于是,她中途改了路线,踏上了去父母家的公交车。

看到C女士的经历,我既感慨又心疼,习惯为事业奔忙、为家人付出的她,竟然连喝一杯咖啡的时间都舍不得留给自己。在她看来,享受惬意时光不是一种自我关爱,而是一种置家人于不顾的"自私"。为他人付出多少都觉得是应该的,为自己做一点事情、花一点钱,就会被愧疚和自责笼罩,心中默想:"我是不是太自私了?"

这种想法与长期以来接受的家庭教育和文化观念有一定关系,比如"要懂得关爱他人""不可以太自私""要考虑他人的感受"。讨好型人格者很会察言观色,又很在意他人的看法和评价,为了获得他人的认可经常会刻意讨好,照顾身边的人,压抑自己的感受和需要。

"老好人"不习惯好好地照顾自我,他们在满足自己的需要时,总是伴有强烈的愧疚感与自我审查感,似乎满足了自己的需求，就会给别人带来伤害和痛苦。然而，感受是真实存在的，压抑不代表消解，它只会积压在心中变成一种"怨"，以更糟糕的方式爆发。C女士在和孩子相处时总是发脾气，这就是一个典型的例子。

> 没有原则地放弃自己的需要，违背自己的意愿对他人好，这种"不自私"被内化之后，会让人产生一种"不配得感"，对自己有需求这件事感到羞耻，想要的东西不敢去争取，被照顾时感觉自己"不值得"，犯了一点小错就狠狠批评自己。与此同时，这种"不自私"也给关系带来负面影响，让长期接受"付出"的一方不堪重负，想要逃离。

讨好型人格者需要认识到，善待自我、照顾自我不是自私，两者有本质的区别。

自私，是只对自己感兴趣，想把一切占为己有，为他人付出时极不情愿，对外界的设想只着眼于自己可以得到什么。他们心中只有自己，看不到他人的需求。

善待自我，是在照顾他人的同时，也关注自己的感受和需求；愿意为别人付出，但也知道什么时候该给自己补充情感能量。他们知道，善待自我是为了以更好的状态回到关系中，与亲近的人更融洽地相处。

讨好型人格者要学会爱自己、善待自己，无须为此感到抱歉。如果不断地把时间和精力投注在别人身上，不给自己留任

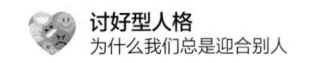

何缓冲的空间，终有一日会精疲力竭。

下面有一些自我照顾的建议，你不妨将它们融入自己的生活中：

● 重视你的生活品质

人的精力基石是体能，保持规律的生活作息、良好的睡眠、健康的饮食，对稳定和平衡情绪很有帮助。如果你感到疲倦，千万不要硬撑，留出几小时让自己彻底放松一下，你会更有精神和能量去应对琐碎的生活。另外，高敏感者的感官很容易受到过度刺激，故而更需要给自己留出"空白时间"，让感官得以休息。

● 做自己喜欢的事

适当调整一下自己每天的时间使用情况，力求专门安排一段时间用来做自己喜欢的事，让自己从压力的情境中抽离，暂时放下心理负担，获得喘息的空间。不要感到羞耻和不安，停下是为了更好地出发；更何况，只有先把自己照顾好，你才有余力照顾他人。

● 做对自己有益的事

有些事情做起来虽然不太愉快，但最终能让自己受益，比如健康体检、看牙医、学习一门技能。这些事情体现着你对自己的重视，愿意为提升自我进行投资。

7 不因他人的催促，扰乱自己的脚步

重启人生7
守住自己的节奏

橙子因为工作的问题，把自己搞得心力交瘁，甚至一度情绪崩溃。

说起这件事时，橙子暂时搁置了所有的工作计划，她觉得自己无心处理。其实，橙子遇到的问题并不是很复杂，就是春节过后承接了一个项目，历经4个月的时间，还没有告一段落，原因是甲方总是隔三差五地提出修订意见。对方特别强势，橙子每一次都要跟随他的节奏走，前前后后修订了七八次，可对方还没有停下来的意思。

橙子并不反感为客户修订内容，这是她工作的一部分。可是，这次的情况是前所未有的，因为甲方有点儿"鸡蛋里挑骨头"。照此方式，不管修订到什么时候，仍然有改进的余地，毕竟是关乎创意的工作，没有所谓的"最好"，只有"更好"。

甲方不是一次性地集中反馈，每当橙子刚刚着手处理其他

任务的时候，甲方的助理就会发来修订意见。这个时候，橙子会选择停下手里的事，优先处理反馈。起初，橙子还是挺愿意配合的，她希望甲方能对自己的工作感到满意，可是被干扰的次数多了，橙子的情绪就开始慢慢失控。终于有一天早上，橙子鼓起勇气对甲方的助理说："我不想再改了。"

在修订这个项目的期间，橙子每周都会参加心理学沙龙，心有余而力不足的她向导师倾诉烦恼："我最近状态很不好，都没有心思参加沙龙了。"导师说："如果是这样的话，那你就更要来了。"

导师让橙子描述一下自己的困扰，橙子说了很多，而导师给她的反馈是："不知道你有没有意识到，从始至终，你都没有说工作给你带来的具体麻烦，更多的时候是在指责对方。你说了好几个'凭什么'。想一想，你是真的讨厌修订内容，还是讨厌这种被随意打扰的感觉？你回想一下，真正的感受到底是什么？"

橙子想了想，说："我感觉生活已经不是自己的了，我就像案板上的鱼肉，任人宰割。"

导师说："这也是我希望你参加沙龙的原因，这是你生活中的一个'固定节奏'，如果再放弃的话，你想想会是什么样？"

橙子没有应声，却也在思考。导师提醒橙子："无论周围的声音怎样催促着你，不要去迎合它，要守住自己的节奏。"

在合作关系中，甲方提出对内容进行修订，这是很常见的情形。橙子的困惑在于，甲方反复要求修订，且有点锱铢必较的意味，而她一直迎合着对方的要求，完全被对方牵制着，扰乱了自己的节奏，丧失了对生活的掌控感。

这是讨好型人格者的一个弱点，他们很容易因为别人的催促而感到慌乱，因为别人的挑剔而放弃自己的坚持，不敢对外来的压力和自己内心的压力说不，只能硬撑着追随他人的步伐。重新回顾橙子遇到的问题，其实她完全可以换一种方式来处理：

——你可以随时发来修订的意见，但我不必即刻处理。

——我可以按照自己的节奏，集中精力把要做的事情做完。

——修订的事宜安排在某一固定时间，哪怕一周收到三次修订意见，也放在固定时间处理。

——如果非要打乱我的节奏，为其腾出时间，大可拒绝，并说明缘由。

一个人最好的生活状态是什么样的？在我看来，就是屏蔽别人的噪声，守住自己的节奏。我们无法改变世界，也无法左右他人，按照自己的节奏行进，是自己给自己的周全。